WOLFGANG KUHN · SCHÖNER ALS SALOMONS PRACHT

»Was Menschen über Gott wissen können, ist ihnen bekannt. Gott selbst hat es ihnen offenbart. Zwar kann niemand Gott sehen, aber er zeigt sich den Menschen in seinen Werken. Weil er die Welt geschaffen hat, können sie seine ewige Macht und sein göttliches Wesen mit ihrem Verstand erkennen. Daher sind sie unentschuldbar«

(Röm 1, 19–20).

VIA·VERITAS·VITA

WOLFGANG KUHN

WOLFGANG KUHN

Schöner als Salomons Pracht

Spuren Gottes in der Schöpfung

CHRISTIANA-VERLAG STEIN AM RHEIN

Bildlegenden:
Erste Umschlagseite: Ruhender Distelfalter
Vierte Umschlagseite: Laufkäfer

Wolfgang Kuhn, geb. 1928, Dr. rer. nat. und Professor für Biologie und Didaktik an der Universität Saarbrücken, studierte von 1948–1954 in Frankfurt/Main Biologie, Chemie, Geographie und Philosophie. Sein besonderes Interesse galt schon immer den Grenzfragen zwischen Biologie und Philosophie bzw. Theologie. Neben Biologie-Lehrbüchern hat er eine »Methodik und Didaktik des Biologieunterrichtes« sowie zwei Bände »Exemplarische Biologie in Unterrichtsbeispielen«, ein Lehrerhandbuch zur Humanbiologie, mehrere Arbeitshefte und gegen 200 Beiträge in pädagogischen Fachzeitschriften veröffentlicht. Daneben schrieb und moderierte er Schul-Fernsehsendungen und Hörfunksendungen. Zu seinen bekanntesten Büchern gehören »Zwischen Tier und Engel – Die Zerstörung des Menschenbildes durch die Biologie«, »Das Eichhörnchen und der liebe Gott«, »Darwin im Computerzeitalter – das Ende einer Illusion«, die beiden factum-Taschenbücher »Stolpersteine des Darwinismus« und seine »Funktionelle Anatomie des menschlichen Bewegungsapparates« für Sportstudenten. Seiner Leidenschaft für die Vor- und Frühgeschichte des Menschen entstammt das Jugendbuch »Mit Jeans in die Steinzeit«.

Fotonachweis:
Sämtliche Farbfotos stammen vom Verfasser.
Ausgenommen Seiten 33, 35 und 59; diese stammen von R. Möller, Lauterbach. Das Foto auf Seite 2 stammt von Angelika Kuhn (1991).

1. Auflage 1992: 1.–5. Tausend

CH-8260 STEIN AM RHEIN/SCHWEIZ

Druck: Ernst Uhl, D-7760 Radolfzell am Bodensee

Die Deutsche Bibliothek – CIP-Einheitsaufnahme

Kuhn, Wolfgang
Schöner als Salomons Pracht : Spuren Gottes in der Schöpfung / Wolfgang Kuhn. – 1. Aufl., 1.–5. Tsd. – Stein am Rhein : Christiana-Verl., 1992 NE: HST

ISBN 3-7171-0953-7

INHALTSVERZEICHNIS UND BILDLEGENDEN

Die Spuren des Schöpfers

Als seine Widersacher ihn verspotteten und voll Bosheit fragten, wieso er denn an Gott glaube, obwohl er ihn doch nie gesehen hätte, woher er also wisse, daß es ihn überhaupt gibt, da antwortete der unerschütterliche Prophet Daniel: »Woher weiß ich denn mit untrüglicher Sicherheit, daß in dunkler Nacht, während ich in tiefem Schlafe lag, ein Mensch oder ein Tier um meine Hütte herumging? Einzig und allein aus den Spuren seiner Füße im Sand!«

Jean Henry Fabre, der weltberühmte französische Entomologe, mag an diese Geschichte gedacht haben, als ihn ein vorwitziger Journalist ironisch fragte, ob er, der große Naturforscher, denn an Gott glaube.
»Nein«, gab Fabre zur Antwort, »ich glaube nicht an Gott. Warum denn sollte ich nur an ihn glauben? Ich sehe IHN ja!«

EINLEITUNG

Von »Wissern« und Weisen

Mit geradezu atemberaubender Geschwindigkeit erweitert die moderne Forschung unser Wissen über die Natur. Es verdoppelt sich schon jetzt in nur zehn Jahren, denn in jedem dieser Jahre erscheinen weltweit mehr als zwei Millionen Veröffentlichungen in über hunderttausend Fachzeitschriften und Büchern. Berücksichtigt man auch noch Forschungsberichte und Patentschriften, so ergibt sich die schwindelerregende Zahl von zwanzigtausend Fachveröffentlichungen pro Arbeitstag!
Dies alles zu verarbeiten, ist dem einzelnen, selbst einem Genie, nicht mehr möglich. So kommt es, daß dem naturwissenschaftlichen Studium heute meist schon von Anfang an ein Teil-Ziel gesteckt wird. Spezialisten werden ausgebildet, die über all die vielen Einzelheiten, die sie lernen müssen, das Ganze völlig aus den Augen verlieren. Max Thürkauf hat sie einmal treffend als »Wisser« charakterisiert – im Gegensatz zu den »Weisen« früherer Zeiten. In diesem Teilwissen lauert jedoch eine große Gefahr. Leonardo da Vinci erkannte sie bereits im fünfzehnten Jahrhundert, als er in Spiegelschrift seinem Tagebuch anvertraute, daß nur ein großes, ein umfassendes Wissen den Menschen demütig mache, während ihn ein geringes, ein Teil-Wissen zum Hochmut verführe. Ortega y Gasset, der spanische Philosoph, nannte vor Jahrzehnten diese Teil-Gebildeten einmal »gelehrte Ignoranten«, und der bekannte Biochemiker und Naturphilosoph Erwin Chargaff sprach im gleichen Sinne von »geschäftigen Eindimensionalen«. Es sind jene Fachleute, von denen der Dichter Hermann Hesse feststellte, daß sie zwar »alles erklären, aber nichts verstehen«.
In der Tat sucht man heute in unseren biologischen Diplom- und Doktorarbeiten meist vergebens nach Lebewesen, den ureigenen, ursprünglichen Forschungsobjekten dieser Wissenschaft vom Lebendigen. Was man findet, sind nüchterne Zahlen, Formeln, leblose Statistiken, Kurven und Tabellen. Der unerhörte Reichtum lebendiger Gestalten und Leistungen, alles Qualitative also, wird eingeschränkt auf das wenige Meß-, Wäg- und Zählbare, auf den dürftigen Rest des rein Quantitativen. Wohin, so klagt Chargaff, wohin ist eine Wissenschaft gekommen, die doch damit begonnen hat, die »gesta dei per naturam« aufzuzeigen? Was diesen »gelehr-

ten Ignoranten« fehlt, das nannte der große Blaise Pascal das »savoir par coeur«, das Wissen, das Erkennen mit dem Herzen, statt allein durch den berechnenden Verstand. Denn das Meiste, ja gerade das Wichtigste für unser Leben ist eben gerade nicht meßbar – sowenig wie Liebe, Freundschaft, Ehrfurcht oder auch die Demut! Die Schönheit des Geschöpflichen ist nicht meßbar, ebensowenig wie seine Sinnhaftigkeit, Planmäßigkeit und Ordnung. Was uns nottut, um aus dieser engen, ausweglosen Sackgasse moderner, naiver Wissenschaftsgläubigkeit wieder zum Sinn, zum Ganzen zurückzufinden, zur Ergriffenheit vor der lebendigen Schöpfung, ist, das Staunen wieder zu lernen. Schon Plato wußte, daß allein dieses Staunen, das sich-wundern-Können der Anfang allen wirklichen Begreifens ist. Antoine de Saint-Exupéry läßt Pascals »savoir par coeur« seinen Kleinen Prinzen mit eigenen Worten formulieren: »Das Wesentliche ist für die Augen unsichtbar. Man sieht nur mit dem Herzen gut!«.
Wer das versucht, dem mag es schließlich ergehen wie Carl von Linné, dem Begründer unseres wissenschaftlichen Systems der Pflanzen und Tiere und zu seiner Zeit wohl gründlichsten Kenner aller Lebewesen. Am Ende seines unermüdlichen Forscherlebens faßte der große Gelehrte und Weise dessen Ergebnis in dem einen, erschütternden Satz zusammen:
»Den ewigen, unendlichen, allwissenden und allmächtigen Gott habe ich vorüberziehen sehen, und ich bin vor Ehrfurcht in die Knie gesunken.«

Schöner als Salomons Pracht – der kleine Fuchs

Auch der kleine Fuchs, einer unserer häufigsten, gewöhnlichsten Schmetterlinge ist, wie die biblischen Lilien des Feldes, von seinem Schöpfer schöner gekleidet als selbst der sagenhaft reiche König Salomon. Keines der kostbaren Gewänder dieses prunkvollen Herrschers zeigte solch unverändert strahlende Farben in nahezu unzähligen Nuancen wie die Flügel des bescheidenen Insektes. Kein Brokat, keine kostbare Seide war auch nur annähernd so fein gewoben und bestickt wie dessen Kleid aus Millionen und Abermillionen von bunten Schuppen, das sich selbst unter der bergenden, engen Puppenhülle webt! Der dunklere, langgestreckte Körper stellt seine Symmetrieachse dar: Jeder einzelne Farbtupfen, jeder schillernde Mondfleck, jede geschwungene Girlande hat exakt symmetrisch ein Gegenstück auf dem entsprechenden Flügel der anderen Seite. Unbegreiflich ist diese strenge, fehlerfreie Ordnung! Die vier Flügel werden ja an verschiedenen, getrennten Stellen des heranreifenden Körpers gebildet, ein jeder für sich. Und dennoch passen ihre Muster und Farben am Ende, wenn sie sich erstmals entfalten, zueinander, ergänzen sich gegenseitig zu einem geschlossenen Bild! Jede einzelne Schuppe sitzt an ihrem offensichtlich von Anfang an bestimmten Platz in diesem prachtvollen Mosaik und leuchtet in der just an dieser Stelle erforderlichen, der nur hier richtigen Farbe. Doch keineswegs genug der Rätsel: diese stimmigen Muster differenzieren sich langsam aus, während die Flügel selbst noch eng zusammengefaltet, ja regelrecht zerknittert im verborgenen Dunkel der derben Puppenhülle dicht an den Körper gepreßt heranwachsen. Dabei ist diese ganze Herrlichkeit ohne Bedeutung für das Wohlergehen des Tieres. Schließlich überlebt jeder alltägliche Kohlweißling ganz ohne entsprechende Musterzeichnung und Farben, und das sogar mit ungleich größerem Erfolg. Denn es gibt nun einmal ohne Zweifel viel mehr Kohlweißlinge als Fuchs-Falter! Deren Schönheit ist also nur um ihrer selbst willen da, eine Lebensqualität, die sich weder messen, noch wägen oder zählen läßt. Nur die dunkle Färbung des Körpers erfüllt eine echte Lebensaufgabe. Amerikanische Forscher stellten unlängst fest, daß Schmetterlinge durch Anheben ihrer Flügel das gegen Abend abnehmende Sonnenlicht wie Hohlspiegel einfangen und im Brennpunkt dieses dunklen Körpers sammeln, um ihn zu erwärmen!

Distelfalter – ein sprühendes Feuerwerk!

»Auf ihren Schwingen tragen sie noch das Feuer das Mohns, die Bergbläue der Enziane, das Pfingstlicht der Nelke, den Schimmer der Kirschblüte, den Glanz der Schwertlilie...« – so begeistert sich der Dichter Friedrich Schnack an der Farbenpracht unserer Schmetterlinge. Wahrhaftig: Selbst begnadete Künstler vergangener Jahrhunderte schufen keine vielfältigeren, leuchtendfarbigeren Mosaiken, als Schmetterlingsflügel sie tragen. Und doch bedurfte es all ihrer Intelligenz, außergewöhnlicher künstlerischer Intuition wie eines hohen Maßes an handwerklichem Können, um nach sorgsamer Planung und sachverständiger Wahl die farbigen Steine so einander zuzuordnen, daß am Ende das angestrebte Ziel verwirklicht war.

Tatsächlich sind die Muster und Zeichnungen der Schmetterlingsflügel echte Mosaiken, zusammengefügt aus Abertausenden unterschiedlich gefärbter Schuppen, die wie flache Dachziegel einander deckend regelmäßig angeordnet sind. Richtiger gesagt: die sich selbst, ganz offensichtlich nach einem verborgenen Plan, so anordnen und zusammenfügen, während das Tier in seiner engen Puppenhülle heranreift. Bis zu sechshundert solcher Schuppen, »Mosaiksteine«, kann, wer die Geduld aufbringt, auf nur einem einzigen Quadratmillimeter zählen. Eine jede nimmt exakt ihren Platz ein, sitzt, als winziger Farbtupfer, genau dort im komplizierten Muster, wo sie hingehört und ihre Nachbarschuppen in der richtigen Weise ergänzt. Wie anders kämen auch sonst Kreise, Ringe, Bogengirlanden, Bänder und symmetrische Flecken zustande? Das bunte Farbengemisch erinnert an ein sprühendes Feuerwerk, wenn Sonnenstrahlen von diesen unzähligen Flügelschuppen wie von winzigen Spiegeln reflektiert werden. Das ganze Tier, das da auf einer Blume sitzt, scheint seine Körperlichkeit zu verlieren, sich in flirrendem Licht, in einem bunten Farbenwirbel aufzulösen. Was also unserem Auge so auffallend erscheint, das verbirgt gerade dem Auge des hungrigen Vogels die gesuchte Beute.

Unvorstellbar ist die Fülle an Information, die hier von Generation zu Generation codiert vererbt wird, darin für jede einzelne Schuppe die Anweisung enthalten ist, wo ihr Platz ist und welche besondere Farbe sie hervorzubringen hat. Woher diese Information stammt, wie sie verschlüsselt wurde, das vermag all unsere Wissenschaft nicht zu erklären!

Adebar, der Vollkommene – Weiß-Storch

»Tiere sind stets vollkommen«, so schrieb der Philosoph Hermann Keyserling in sein Tagebuch, »sie sind der erschöpfende Ausdruck ihrer Möglichkeiten.«

Wahrhaftig: man würde, suchte man das gesamte bekannte Tierreich auch noch so sorgfältig danach durch, nirgendwo auch nur den geringfügigsten »Fehler« finden! Vom Regenwurm in lichtloser Enge unter der Erde bis zum Adler hoch oben im unbegrenzten Äther, von den Tiefen der Weltmeere bis zu den höchsten Urwaldgipfeln, vom heißen Wüstensand bis zum ewigen Eis der Polargebiete sind alle Tiere ihrem besonderen Lebensraum ideal angepaßt. Nicht immer jedoch liegt diese Vollkommenheit derart auf der Hand wie bei unserem Weißstorch. Als Schreitvogel ist er vortrefflich für seine Lebensweise in Sümpfen und feuchten, moorigen Wiesen ausgestattet. So stehen seine vier Zehen, anders als etwa beim Huhn, alle in gleicher Höhe und bilden dadurch gemeinsam eine standfeste Auftrittsfläche. Kleine Spannhäute zwischen den drei vorderen vergrößern diese Fläche zusätzlich, so daß der große Vogel selbst im Morast nicht tief einsinken kann. Seine hohen, sprichwörtlich langen Storchenbeine erleichtern nicht nur das mühelose Überschreiten aller Unebenheiten des Bodens, sondern schaffen im Verein mit dem überlangen Hals auch einen vortrefflichen Überblick. Kein Frosch, keine Schlange oder Eidechse, keine Maus oder Grille bleibt diesem Blick von oben verborgen. Aber ohne seinen auffallend langen Schnabel könnte der Vogel die erspähte Beute nicht rasch genug packen, da der Abstand zwischen Kopf und Boden immerhin beträchtlich ist. So ergänzen die Körperteile des Tieres einander in idealer Weise – und für sie alle bringt es auch die »angeborenen Gebrauchsanweisungen« schon mit auf die Welt. Die mächtigen, über zwei Meter spannenden Flügel tragen den Storch in jedem Jahr zweimal die Strecke von je zehntausend Kilometern vom Norden Europas bis zur Südspitze Afrikas. In jeder Sekunde schlagen sie zweimal auf und ab und erreichen eine Geschwindigkeit von 45 Kilometern pro Stunde. Das Herz, der Motor dieses Fluges, schlägt in jeder Minute zweihundertsiebzigmal – und wiegt doch nicht einmal dreißig Gramm! Die Höchstleistung erfordert eine Körpertemperatur von vierzig Grad. Hubschrauberpiloten können von der Sicherheit, mit der ein Storch auf seinem Nestrand landet, allenfalls träumen!

Schweres Rätsel – Spiegelfeder vom Eichelhäher

Man sollte die geringe Mühe nicht scheuen, sich zu bücken, um sie ganz behutsam aufzuheben und zu bewundern, die kleine, bunte Feder, die da im zweifachen Wortsinne so »verloren« im Grase liegt. Ein Eichelhäher war es, dem sie ausfiel, der bunteste unter unseren einheimischen Rabenvögeln, und er hat diesen Verlust ganz gewiß nicht bemerkt. Federn sind ja, wie die Schuppen der Reptilien oder unsere Haare auch, tote Hautgebilde ohne Blut und Nerven, sobald sie ihre endgültige Größe erreicht haben. So ist also weder ihre Größe, noch ihre besondere Gestalt oder gar irgend etwas an ihrer Färbung oder ihrem Muster im Nachhinein zu verändern. Alles, jede noch so geringfügige Kleinigkeit muß eben von allem Anfang ihres Heranreifens an »stimmen«, soll das endgültige Erscheinungsbild des Vogels, sein unverwechselbares artgemäßes Federkleid als ein geordnetes Ganzes fehlerfrei werden. In der Tat: ein ganz unglaubliches Geschehen, ohne jeden Zweifel streng auf das zu erreichende Ziel hin ausgerichtet und dann nach einem höchst präzisen Plan verwirklicht. Schon ein kleiner Ausschnitt aus dem Gefieder erweckt fassungslose Verwunderung. Die blauschwarz gestreifte kleine Feder stammt aus dem »Spiegel« genannten, recht auffallenden bunten Feld am Vorderrand des Flügels. Auch sie mußte ihr Muster wie ihre Farben und alle ihre Proportionen in den endgültigen Formen, Schattierungen und Größenverhältnissen ausbilden, als sie noch zusammengerollt im »Blutkiel« heranwuchs. Doch dann, Wunder über Wunder, »paßte« sie wie eingemessen so exakt zwischen die anderen Spiegelfedern, als sei das Gesamtmuster nachträglich auf ursprünglich farblose Federn aufgetupft worden. Überraschenderweise sind die Federteile, die unter anderen verdeckt liegen, ungefärbt. Auch hier ist übrigens das »Blau« kein Farbstoff, sondern entsteht durch strukturbedingte Streuung der Lichtstrahlen wie bei den blau erscheinenden Schmetterlingsschuppen. Muß – um das Maß voll zu machen – noch erwähnt werden, daß die Federfahne aus zahllosen Haken- und Bogenstrahlen besteht, die von den »Ästen« abzweigen und nach der »Reißverschlußmethode« beweglichfedernd miteinander verbunden sind? Zweimal siebenhundertachzigtausend Bogen- und Hakenstrahlen wurden an einer einzigen Kranichfeder gezählt. Und dennoch ist alles sprichwörtlich »federleicht«. Kein Wunder?

Lebendiges Filigran – Wurmfarn

Von Beginn der Kulturgeschichte an galt die Natur dem Menschen als Vorbild für sein künstlerisches Schaffen. Schon als unser Urahn zum ersten Mal nachdenklich einen Stein aufhob, um ihn mit Hilfe eines zweiten so zurechtzuschlagen, daß er diesen spitzen und scharfschneidigen »Faustkeil« fortan als Messer und Waffe benutzen konnte, hatte ihn zweifellos der todbringende Eckzahn eines gefährlichen Raubtieres zu dieser »Erfindung« angeregt.
Als viel später die Künstler des Altertums sich mit Hammer und Meisel abmühten, um den spröden Marmor ihrer Säulenkapitelle in ein reich verschlungenes Blatt-Rankenwerk zu verwandeln, mögen sie voller Neid auf jenes distelähnliche Unkraut geblickt haben, das ihnen als Vorbild für ihre verwirrende Ornamentik diente: Die Akanthuspflanze. Wie leicht, wie mühelos doch solch ein Wegegewächs seine Blätter hervorsprießen läßt! Wie ganz selbstverständlich diese knospenden Blätter mehr und mehr ihre unverkennbare, ureigene Gestalt annehmen – mit allen Einbuchtungen und Spitzen stets fehlerfrei an der passenden Stelle. Sollte hingegen dem nachbildenden Steinmetzen einmal der Meißel abrutschen, das gesamte Werk würde seine mühsam errechnete, vorgezeichnete Symmetrie verlieren. Weit kunstvoller aber als Akanthusblätter sind die mehrfach gefiederten Blattwedel unseres Wurmfarn gestaltet. Ist doch eine jede ihrer Blattfiedern abermals in kleinere Fiedern aufgeteilt, die wiederum gefiedert sind. Und dies alles entfaltet sich von innen heraus, ohne Fehler, mit unbegreiflicher Präzision. Unglaublich, was hier geschieht! Abermillionen Zellen teilen sich wieder und wieder nach allen Richtungen des Raumes – bis eine jede »ihren« Platz einnimmt, ihren vorbestimmten Ort erreicht hat und sich ihrer besonderen Aufgabe gemäß umgestaltet. Welche unermeßliche Fülle an Information ist hierzu vonnöten, was für ein wahrhaft phantastisches »Programm« verwirklicht sich dabei in Raum und Zeit! Es wurde nicht auf dem Reißbrett entworfen, als Ergebnis langwieriger Studien, Berechnung und Planung. Alles, was wir darüber wissen, ist, daß es für uns unverständlich »codiert« bereits in jeder winzigen, staubkornkleinen Farnspore enthalten sein muß. In einem Megabit-Mikrochip, der alle Maße unserer Computertechnik um Größenordnungen unterbietet!

Nur Erde und Licht – Schwertlilie

Die Heimat der Iris, der stolzen, blauen Schwertlilie, sind die lichtdurchfluteten Gestade des Mittelmeeres. Aber selbst diesseits der Alpen scheinen ihre majestätischen Blüten noch etwas vom Glanze der südlichen Sonne auszustrahlen. In Thyde Monniers Roman »Die kurze Straße« staunt Frisette, das einfache Mädchen vom Lande, über die Iris: »Sieh, wie schön sie ist!« ruft sie ergriffen, »Wie violette Seide. Und wie gut die Blüte duftet! Und woraus ist sie gemacht? Aus Sonne und ein wenig Erde – weiter nichts!«

Wie beispielhaft lehrt diese Eingebung, daß wahrlich den Gelehrten und Weisen verborgen bleibt, was den Einfältigen offenbart wird! Hat doch das törichte Mädchen mit seinen bescheidenen Worten das wohl tiefste Rätsel alles Lebendigen in seinem innersten Kern getroffen: daß es aus Unordnung, aus »Chaos« eine wundersame, schöne und sinnreiche Ordnung aufzubauen vermag. Nein, in keinem unserer Lehrbücher wird auch nur ein Satz, ein Wort über das Wunder verloren, daß die heranreifende Pflanze nur aus Erde, Wasser und Kohlensäure der Luft all ihre verschiedenen Organe selbsttätig aufbaut, Wurzeln, Sproß, Blätter, Blüten und Früchte! Daß sie aus dem gleichen, dürftigen, toten Material ihre verschiedenen Farben bereitet und den betörenden Duft, der bestäubende Insekten zum süßen Nektar leitet! Und wie sinnreich dies geschieht: Genau dort, wo die Hummel landen muß und ihr Weg zum Nektar im Blütengrund führt, ziert eine »Bürste« aus auffallend gelben Haaren jedes der drei nach abwärts geschlagenen Kronblätter. Von oben beugt sich der blattartige Griffel wie ein schützendes Dach darüber. Seine Narbe bildet ein schmales Läppchen, das, vom Rücken der Hummel berührt, nach unten umschlägt und Pollen von ihrem Haaarpelz abstreift. Damit ist die »Fremdbestäubung« gesichert. Erst wenn das Tier noch tiefer in die Blüte hineinkriecht, drückt sein Rücken gegen die aufgeplatzten Staubbeutel, die dort »im Wege stehen«, und belädt sich mit neuem Pollen. Beim Verlassen der Blüte preßt die Hummel das Narbenläppchen nach oben, berührt also nur seine Unterseite, keinesfalls jedoch die belegbare Oberseite. Dadurch wird schädliche Selbstbestäubung peinlichst vermieden!

»Und woraus ist sie gemacht? Aus Sonne und ein wenig Erde – sonst nichts!«

Unbegreifliche Ordnung – Blüte vom Sumpfziest

Wer erwartet schon bei einem Sumpfziest, diesem überall auf feuchten Wiesen und an Grabenrändern häufigen »Unkraut«, irgendwelche Überraschungen? Gemach – der Blick durch eine Lupe genügt, um auf eine schier endlos sich fortsetzende Reihe von Fragen zu stoßen, es muß nicht einmal eine besonders stark vergrößernde Lupe sein! Urplötzlich wirken diese zuvor so unscheinbaren, purpur- bis violettrosa getönten Lippenblüten atemberaubend schön. In der Tat: Wären sie in Wirklichkeit so groß, wie sie jetzt erscheinen, geradezu spielend nähmen sie es auf mit der stolzen Pracht tropischer Orchideen! Wie wohlüberlegt scheint hier doch alles geordnet! Die hinten zu einer den Nektar bergenden Röhre verwachsenen Kronblätter bilden nach vorne eine löffelartige, alle vier Staubbeutel wie eine Markise vor Nässe schützende Oberlippe. Die dreilappige Unterlippe dagegen erweist sich als bequemer Landeplatz für nektarsuchende Bienen und Hummeln. Wie sicher sie zu ihrem Ziel geleitet werden! Da ist der an sich schon schmale Eingang in diese Kronröhre auch noch zusätzlich verengt durch silberglänzende Haare, die dem gierig vortastenden Insektenrüssel nur diesen einen, eben den richtigen, zum begehrten Nektar leitenden Weg weisen. Abgesehen vom verführerischen Duft dieses verborgenen Zieles zeigt die breite Landefläche der Unterlippe ein auffallendes Muster, das zweifellos ebenfalls eine Wegweiseraufgabe zu erfüllen hat. Weiße, strahlend weiße Streifen sind es, die sich vor dem hellpurpur gefärbten Untergrund der drei miteinander verwachsenen unteren Kronblätter unübersehbar deutlich abheben. Sie streben genau dort zusammen, wo sich der enge Zugang zur süßen Quelle öffnet. Die Blütenbesucher brauchen ihnen nur zu folgen, um sicher ans Ziel zu gelangen!

Bedarf es noch einer Hervorhebung, daß auf diesem vorgezeichneten Weg auch die Bestäubung der Narbe mit fremdem Pollen geradezu erzwungen wird? Da diese gespreizte Narbe vor den Staubbeuteln steht, streift sie zuerst den mitgebrachten Pollen vom pelzigen Hummelrücken. Danach erst, wenn das Tier tiefer in die Blütenkronenröhre hineinkriecht, berührt dieser Rücken, ohne daß es dessen gewahr wird, auch die Staubbeutel und belädt sie für die nächste Blüte mit neuem Pollen. Wahrhaftig, eine Präzision, die jedem genialen Erfinder zur Ehre gereichte!

Die Bibliothek im Samenkorn – Blütenstand vom Sumpfziest

Und dann reifen sie, verborgen im Blütengrund, heran: vier kaum stecknadelkopfgrose Früchtchen. Im unwägbar mikroskopisch winzigen Ei-Zellkern des Samens, den jedes birgt, ist die gesamte, schier unermeßliche Information gespeichert, die den Aufbau einer neuen Ziestpflanze lenkt!
Das allerdings übersteigt unser Begriffsvermögen! Nehmen wir einmal an, diese Information, also die exakte Anweisung für die Neukonstruktion eines Sumpfziests samt genauem Zeitplan, sollte in unserer Sprache aufgeschrieben werden.
Ganz und gar unmöglich zu sagen, wieviel dickleibige Bände diese gedruckte Information füllen würde – eine gewiß nicht kleine Bibliothek mit Sicherheit. Müßte doch allein schon für jede einzelne Zelle jeder Blüte genau beschrieben sein, wie oft sie sich zu teilen hat und nach welchen Richtungen des Raumes, welche ihrer vielen Tochterzellen den purpurnen Farbstoff zu bilden haben und welche anderen, die zudem in einem exakten Band angeordnet sein müsen, durch entsprechende Veränderungen ihrer Struktur wie ihres Inhalts weiß zu erscheinen haben. Das genaue Muster dieser weißen Streifen auf purpurfarbenem Untergrund muß bis in die letzten Details, ihr exakter Verlauf mit sämtlichen Windungen und Schnörkeln vorgezeichnet sein. Ebenso muß der Zeitpunkt feststehen, zu dem jede dieser Abermillionen Zellen ihr weiteres Wachstum einzustellen hat, damit glatte, artgemäß geformte Blütenkronblätter ohne »Geschwulste« entstehen. Zahllose Entfaltungs- und Reifepläne muß diese Information im Samenkorn enthalten – nicht nur für jede einzelne Blüte, sondern ebenso für den gesamten Blütenstand. Wie die geometrisch so vollkommene Pyramide dieses Blütenstandes erkennen läßt, reifen seine Einzelblüten, in dichten Quirlen um die Achse angeordnet, völlig gesetz- und regelmäßig nur in der Richtung von unten nach oben, und nicht eine von ihnen »tanzt aus der Reihe«, prescht also etwa im Wachstum vor und öfnet sich zu früh! Doch nirgends in der Welt entsteht Information ohne Geist, der sich die Mittel sucht, sie zu speichern – durch Buchstaben auf Papier oder, wie hier, durch chemische Moleküle, die DNS der »Erbsubstanz«. In beiden Fällen kommt man eben nicht daran vorbei, die letztlich entscheidende Frage nach dem Autor zu stellen, nach jenem überragenden Geist mithin, von dem die Information stammt.

Verheißung der Zukunft – Kiefernknospe

Knospen sind die überzeugendsten Symbole der Hoffnung. Wo sonst offenbarte sich der Überlebenswille alles Geschöpflichen unmißverständlicher als in ihnen, die doch die Zukunft schon vorwegnehmen? Ja, Knospen sind in der Tat ein Ärgernis für jene, die Sinn, Plan und Ziel im Lebendigen leugnen möchten. Liegt in ihnen doch das »Ziel«, ihre zukünftige Aufgabe unübersehbar deutlich jedem offen vor Augen, sofern er nur sehen will. Wie könnte der Schnitt durch eine Knospe unserer Bergkiefer auch nur den geringsten Zweifel darüber aufkommen lassen, daß hier alles, auch die letzte und nebensächlichste Einzelheit, wohlgeplant auf den kommenden Frühling hin ausgerichtet ist? Und das bereits zu einer Jahreszeit, da noch nichts darauf hindeutet, daß vor diesem Frühling ein Winter überdauert werden muß, lebensbedrohende Kälte und Mangel an Nahrung, wenn auch der Erdboden gefroren ist. Aber als wüßte die Pflanze, was ihr bevorsteht, umkleidet sie den kostbaren Knospeninhalt nicht allein mit harzgetränkten und dadurch wie ein imprägnierter Regenmantel wasserabstoßenden Schuppen, die einander wie Ziegel decken – nein, ein dichter, silberweißer Haarfilz wehrt, dem einknöpfbaren Wollfutter des Regenmantels vergleichbar, auch der Kälte!
Was man aber darunter, im Inneren dieser schützenden Hülle entdeckt, erinnert an die bekannten, ineinandergeschachtelten russischen »Puppen in der Puppe«. Da sitzen, ganz regelmäßig spiralig rund um die Längsachse der Knospe wohlgeordnet, die schon deutlich erkennbaren, aber noch winzigen männlichen Blütenkätzchen. Um ihre Längsachse wiederum gruppieren sich spiralig die noch winzigeren zukünftigen Staubbeutel und sämtliche sie bergenden Schuppenblättchen. In diesen noch unreifen Staubbeuteln könnte man, freilich nicht ohne eine Mikroskop, bereits jene Zellen aufspüren, aus denen einmal durch Teilung schier unendlich viele Pollenkörnchen entstehen. Sie werden, just dann, wenn »ihre«, also genau die richtige Zeit gekommen ist, schon vom geringsten Windstoß als schwefelgelbe Blütenstaubwolke aufgewirbelt und zu den weiblichen Blüten getragen, die »synchron«, zum rechten Augenblick also, ebenfalls reifen. Ordnung über Ordnung in Zeit und Raum! Selbst der Schopf aus grünen Nadeln an der späteren Triebspitze ist bereits angelegt.

Gesang aus der Höhe – Laubheuschrecke

Wenn sie sich still verhält, wird kaum ein Vorübergehender die Laubheuschrecke auf ihrer luftigen Warte bemerken. Ist doch ihr Körper von dem gleichen hellen Grün wie die Blätter, auf denen sie sich bevorzugt aufhält. Noch sinniger freilich ist die Tarnung ihrer Flügel, die nicht allein wie die Blätter gefärbt sind, sondern auch ein entsprechendes Ader-Muster aufweisen. Das Versteckspiel ist perfekt! Allerdings nur deshalb, weil auch das »angeborene Programm«, sein Instinkt, das Tier veranlaßt, sich dort aufzuhalten, wo seine Tarnung wirksam ist und nicht etwa auf braunem Ackerboden, wo es sofort auffiele. Nur wenn alles genauestens zusammenpaßt, nicht die geringste Kleinigkeit an dieser Vollkommenheit mangelt, vermag das Tier sich in einer Welt voller Feinde zu behaupten. Ein ungelöstes, unlösbares Problem für die Theorie von einer langsamen, allmählichen Evolution! Was nützte auch der komplizierte Schrillapparat, solange er nicht »fertig« ist? Eine »Feile« auf der Unterseite des linken Vorderflügels wird über eine Ader des rechten gestrichen und eine trommellfellartige, dünne Flügelpartie dadurch als Schallverstärker in Schwingungen versetzt. Ein Instrument von höchster Vollendung – samt den exakt darauf abgestimmten Hörorganen in den Beinen!
Das Gleiche gilt für den geradezu phantastischen »Hochsprungapparat« der Heuschrecke, diesen technisch perfekten Katapult. In dem auffallend dicken Hinterbein-Oberschenkel sitzen die kräftigen Sprungmuskeln. Der nicht minder auffallend lange Unterschenkel ist die »Stabhochsprungstange«. Ein zweiarmiger Hebel, denn die Spannmuskeln setzen oberhalb des Drehpunktes an, ähnlich wie unser Armstrecker am Ellbogen-Fortsatz. Er ist vor dem Absprung im Kniegelenk nach hinten gebogen, während die Fußglieder dank ihrer weichen Sohlen fest am Blatt haften und den erforderlichen Halt verleihen. Zwei Meter weit springt eine Heuschrecke mühelos – das Dreißigfache ihrer Körperlänge!
Kein Mathematiker hätte den Nutzeffekt dieses Katapultes exakter berechnen, kein Ingenieur ihn sparsamer und zugleich zweckmäßiger konstruieren können. Absurd, allen Ernstes anzunehmen, allein der sinn- und ziellose, der geist-lose Zufall habe hier zustandegebracht, was unsere menschliche Intelligenz und Wissenschaft nimmermehr vermag!

Die Unsichtbare im Dünensand – Heuschrecke

Bei dieser mit unserer gewöhnlichen Feldheuschrecke nah verwandten Art scheint die Tarnung noch perfekter als selbst bei der grünen Laubheuschrecke. Hier, mitten im Dünensand, muß man schon recht genau hinschauen, um sie zwischen den unzähligen, in allen nur ausdenkbaren Schattierungen von Strohgelb bis Tiefbraun, ja Schwarz schimmernden Kristallkörnern noch auszumachen. Ist doch ihr ganzer Körper, von den Fühlern bis zu den Fußgliedern, in eben diesen Farbnuancen gesprenkelt. Nicht nur das: auch die Größe der einzelnen Farbtupfen auf Körper wie Flügeln entspricht jener dieser zahllosen Sandkörner, so daß die Täuschung, die optische »Auflösung« des Insektenkörpers in viele kleine Flecken inmitten eines wahren Flecken-Meeres, ideal ist. Auch hier ist also garkein Zweifel daran möglich, daß sich dieses Tarnmuster exakt nach Plan, strengstens auf ein Endziel hin ausgerichtet bilden muß. Werden doch die verschiedenen Farbstoffe in den jeweils gerade für sie »zuständigen« Zellen gebildet und entsprechend in Musterflecken exakt begrenzt verteilt – und dies alles, bevor das endlich fertigentwickelte Tier aus seiner letzten Larvenhaut schlüpft! Sollte sich die Heuschrecke dennoch einmal verraten, durch eine unvorsichtige Bewegung etwa, kann sie sich durch einen Katapultstart noch im letzten Augenblick vor dem zuschnappenden Vogelschnabel retten. Immerhin springt sie »aus dem Sitz«, genau wie eine Laubheuschrecke, 45 cm in die Höhe – mit einer Anfangsgeschwindigkeit von drei Metern in der Sekunde! Die dabei aufgewandte Kraft reicht aus, selbst das Achtfache des eigenen Körpergewichtes anzuheben! Nicht minder vollkommen – wen wundert's noch? – ist das »Musikinstrument«, das bei den verwandten Feldheuschrecken ganz anders gebaut ist und »gespielt« wird als bei den Laubheuschrecken. Sie benutzen ihren Oberschenkel sozusagen als Fidelbogen, der über eine starke Flügelader rasch auf- und abgestrichen wird. Dabei versetzt eine Reihe winziger Zapfen, die »Musikleiste« auf der Innenseite des Schenkels, diese Ader in Schwingungen, die vom Flügel derart verstärkt werden, daß dies Gezirpe weithin zu hören ist. Da beide Geschlechter »musizieren« und auch ihre Hörorgane just auf diesen Laut »eingestellt« sind, gibt es keine »Mißverständnisse« – offenbar schon seit unvorstellbar vielen Jahrtausenden nicht. Alles nur Zufall?

Das vollkommene »Bambi« – Rehkitz

»Was für ein schönes Kind«, rief die Elster in Felix Saltens weltberühmten Buch über die Lebensgeschichte eines kleinen Rehs. »Wie erstaunlich, daß es gleich stehen und gehen kann.« Sie saß auf einem Ast über der versteckten Dickichtstube mitten im Wald, in der »Bambi« zur Welt kam und war einziger Zeuge dieses wahrhaft wunderbaren Geschehens! Oder ist es etwa kein Wunder, wenn nach fünf Monaten Tragzeit aus einem kaum sichtbar winzigen Keim ein vollkommenes Kitz herangereift war, dem trotz seiner nur knapp drei Pfund Lebendgewicht nicht das Geringste mangelt? Ein fehlerfreies Ganzes, mit all seinen verschiedenen, komplizierten Organen jeweils am rechten Platz und zahlreichen, fix und fertig angeborenen »Gebrauchsanweisungen« obendrein: seinen Instinkten, die das Tier jederzeit das Richtige zu tun veranlassen, ohne daß es zuvor erst eines mühsamen Erlernens bedürfte! Doch strenggenommen beginnt das Rätsel bereits, bevor dieser winzige Keim im Körper der Ricke überhaupt anfängt zu wachsen und sich zu entfalten. Er ruht nämlich volle viereinhalb Monate, bis Mitte Dezember, um ausgerechnet mitten im tiefsten Winter erst seine Entwicklung zu beginnen! Ja, wirklich und wahrhaftig »ausgerechnet«, denn nur dank dieser exakt eingehaltenen Pause kommt Bambi just zur rechten Zeit zur Welt: Im Wonnemonat Mai oder Anfang Juni, niemals jedoch, wie es ohne diese wohlberechnete Verzögerung geschähe, im kälte- und schneereichsten Wintermonat. Sobald es jedoch, kurz nach der Geburt, noch etwas staksig auf seinen eigenen schlanken Beinchen steht, geschieht wieder etwas überraschend Vernünftiges. Die Ricke, von ihrem untrüglichen Instinkt geleitet, lockt ihr Kitz mit leisen Fieplauten hinter sich her zu einem sonnigen Plätzchen, wo sie es behutsam mit ihrem Kopf niederdrückt und ihm dadurch zu verstehen gibt: Leg dich hier hin, mucksmäuschenstill, und warte brav, bis ich wieder zu dir zurückkomme! Und genau dies tut Bambi, dessen braunes Fell mit weißen Flecken so gesprenkelt ist, daß es zwischen all den vielen weißen Blütenköpfchen in der Wiese überhaupt nicht zu sehen ist, so wenig wie die sandfleckige Heuschrecke in der Düne. Als ob es um diese perfekte Tarnung wüßte, »drückt« es sich bei Gefahr und bleibt ruhig liegen, statt zu flüchten und sich dadurch zu verraten. Sein ererbtes Verhaltens-Programm ist fehlerfrei!

Der Grüne im Busch – der Laubfrosch

Hätte dieser behende Zwerg nicht eine so durchdringende Stimme, kein Mensch würde ihn im dichten Laub seines Busches entdekken. Doch wenn er quakt, bläht der Laubfrosch seine Kehle derart auf, daß sie wie der hölzerne Resonanzkörper einer Baßgeige als mächtiger Schallverstärker mitschwingt. Auch dies also ist eine »Erfindung«, die keineswegs erst der Mensch machte! Er ist übrigens der Einzige unter all seinen vielen Verwandten, der das Leben nicht nur aus der »Froschperspektive« betrachtet, sondern meist von oben herab! Dort, im Gezweig, tarnt das satte Grün seiner Haut den Kletterkünstler allerdings vorzüglich. Doch mit keinem Lösungsmittel der Welt gelänge es, daraus irgend einen grünen Farbstoff zu gewinnen. Nein, diese »grüne« Laubfroschhaut gaukelt ihre Farbe nur vor! Der Trick ist allerdings raffiniert und hätte einem gelernten Optiker alle Ehre gemacht. Die Froschhaut birgt nämlich in tieferen Schichten ein dunkles Pigment, so daß die darüberliegenden als »trübes Medium« eine Streuung des einfallenden Lichtes bewirken. Auf diese Weise entsteht, wie beim wolkenlosen Sommerhimmel, ein »physikalisches Blau«. Eine Hautzellenschicht mit gelbem Pigment ergänzt dieses Scheinblau dann zum leuchtenden Laubgrün! Durch Veränderungen in dieser gelbfarbigen Hautschicht kann der Laubfrosch seine Farbe wechseln und – besser als selbst das Chamäleon – der Umgebung angleichen. So erscheint er silbergrau oder bräunlich auf verwitterter Baumrinde – oder gelblich im welken Gras.

Nicht minder vollkommen ist seine Ausstattung fürs halsbrecherische und dennoch so sichere Klettern. Das weiche Gewebepolster seiner breiten Haftscheiben an Fingern und Zehen enthält zahlreiche Drüsen, aus denen ein Klebstoff ausgepreßt wird, wenn der Frosch sie gegen eine Unterlage drückt. Selbst an einer glatten Glaswand könnte er damit mühelos hochklettern. Nein, nichts ist hier »vergessen«: Jeder Finger, jede Zehe enthält ein zusätzliches Glied, ein Knorpelstückchen zwischen den beiden letzten Knochen. Es erhöht die Beweglichkeit, und nur dadurch ist es möglich, Finger und Zehen gegen die Haftscheiben abzubiegen, ohne deren festen Halt zu lösen. Kein grübelnder, planender Techniker-Verstand hätte in der Tat den Laubfrosch besser für sein »luftiges« Leben ausstatten können!

Meisterspringer ohne Mathematik – der Wasserfrosch

Schon ein flüchtiger Blick zeigt, daß die Kronen von Büschen und Bäumen gewiß nicht das Jagdrevier unseres Wasserfrosches sind. Seine Haut verrät, daß dort, wo er sich bevorzugt aufhält, der Hintergrund nicht gleichmäßig grün sein kann. Gewiß, auch seine Haut ist vorwiegend grün, durch die gleiche »gekonnte« Mischung von gelber Pigment- und blauer »Strukturfarbe« wie beim Laubfrosch. Aber hier ist doch allenthalben noch Gelb oder Gelbbraun dazwischen, meist als Streifen oder Flecken. Eine streng geordnete Verteilung der Farben also, deren Bedeutung erhellt, sobald das Tier im Gras hockt oder mitten unter allerlei auf der Wasserfläche treibenden Pflanzen. Dann verschwimmt sein gestreifter und gefleckter Körper mit dem ebenfalls durch welke Halme oder Stengel und Blätter »gesprenkelten« Hintergrund. Er wird sozusagen optisch »aufgelöst« und ist, zumindest von oben, nicht mehr als plumpmaßige Beute für seine vielen Feinde auszumachen – wenigstens so lange, als er bewegungslos verharrt. Ja, er kann sogar ruhig auf Beute lauernd regelrecht im Wasser »hängen«, so daß allein seine hervorquellenden Augen und gegebenenfalls noch die Nasenlöcher über den Wasserspiegel hinausragen. Da diese großen Augen seitlich stehen, überblickt der Frosch seinen gesamten Horizont, volle 360 Grad, so daß ihm nichts entgehen kann – weder irgend ein jagenswertes Insekt, noch hungrige Feinde. Wir Menschen schaffen übrigens, was den Gesichtskreis anlangt, bestenfalls gerade die Hälfte, 180 Grad! Der Frosch ist zum Springen geschaffen! Vor dem Absprung zieht er die Beine zusammen und spannt seine Muskeln. Danach verkürzen sich zuerst die des Oberschenkels, sofort danach die Unterschenkelmuskeln und zuletzt die Spanner seiner langen Sprunghebel-Zehen. Was Mathematiker nach Erfindung der Kanone mühsam errechneten, das beherrscht er mühelos instinktiv: er springt just in dem Winkel hoch, der die größte Sprungweite garantiert, 45 Grad! Ja, er verringert sogar den Luftwiderstand durch Andrücken seiner Arme an den Körper – und zieht zugleich die hervorgewölbten Augen tief in ihre Höhlen zurück. Er schließt sie sogar – und erreicht dennoch sein Ziel exakt, denn das untere Lid ist so lichtdurchlässig, daß er auch jetzt noch sehen kann. Nichts ist hier vergessen, auch der gewöhnliche Wasserfrosch ist schlechterdings vollkommen!

Der Lurch im Feuer – Feuersalamander

Seinen seltsamen Namen verdankt unser Feuersalamander wohl den an züngelnde Flammen gemahnenden, grellgelb lodernden Flecken und Streifen auf der ansonsten tiefschwarzen, feuchtschimmernden Haut. Seit altersher ranken sich deshalb auch die absonderlichsten Geschichten um dieses harmlose Geschöpf. So schrieb der berühmte römische Naturforscher Plinius, der beim Ausbruch des Vesuv im Jahre 79 n. Chr., als die Stadt Pompei unterging, ums Leben kam , der Feuersalamander sei derart kalt, daß er gar ein sengendes Feuer zum Erlöschen bringe! Nicht genug damit, behauptete er auch noch, dieser kleine, kaum zwanzig Zentimeter lange Lurch wäre so giftig, daß er »ganze Völkerschaften umbringen« könne, indem er ihr Gebiet »mit seinen Sekreten durchtränkt«.
Das mit dem Feuerlöschen stimmt natürlich nicht, auch wenn sich der glatthäutige Körper des Salamanders stets recht kalt anfühlt. Aber das milchige Sekret seiner Hautdrüsen ist in der Tat hochgiftig, da es gefährliche Alkaloide enthält, so daß kleinere Tiere sterben, wenn sie einen Salamander fressen. Dies ist also keine phantastische Mär. Beim Menschen hingegen verursacht es allenfalls eine Schleimhautentzündung, mehr nicht – glücklicherweise! Die Hautfärbung hat zweifellos eine unheilverkündende, abschreckende Bedeutung, genau wie bei unseren Wespen und ihren unzähligen harmlosen Nachahmern auch, diese so aufdringlich ins Auge springende Kombination von bedrohlichem Schwarz und schreiendem Gelb. In der Urangst aller Tag-Lebewesen vor dem undurchdringlichen Dunkel der Nacht und dem Rotgelb flackernder Flammen gründet der Schutz des Salamanders vor seinen Feinden.
Traut man es dem Behäbigen zu, daß er vor seiner »Erwählten« einen regelrechten Hochzeitstanz aufführt? Erst anschließend geschieht, was an die eigenartige Befruchtung der Libelleneier erinnert. Er setzt gestielte Samenpakete, Spermatophoren, auf dem Boden ab, sie kriecht darüber hinweg und nimmt sie mit ihrer Kloake auf. Auch hier paßt alles fehlerlos zueinander, Körperbau und Instinktverhalten ergänzen einander. Und das alles muß, präzise codiert, im Kern der Eizelle programmiert sein, die »Hardware« wie die »Software«. Auch hier unbegreiflich: Dieses verborgene Entwicklungsprogramm hält für jede von Abermillionen Hautzellen die exakte Information bereit, ob sie gelbes oder schwarzes Pigment zu bilden hat!

Raffinesse durch Zufall? – der Goldlaufkäfer

Nicht allein die Schönheit der Lebewesen übertrifft oft weit das Maß des Notwendigen. Wie armselig wäre eine Schöpfung, in der ausschließlich das zum Überleben Unerläßliche, das nur Nützliche existierte? Und doch dürfte es, wenn Darwins Erklärung der Evolution alles Lebendigen wirklich zuträfe, tatsächlich nur »Nötiges« geben, ausschließlich Eigenschaften, die im unerbittlichen Kampf ums Dasein einen Überlebensvorteil bedingen. Schönheit aber gehört nicht zu diesen Merkmalen – allenfalls ein kräftigeres Gebiß, flinkere Beine oder eine wirksamere Tarnfärbung. Immerhin stand der ehrliche alte Darwin seinem eigenen Versuch skeptisch gegenüber, auch die Schönheit etwa eines Pfauen durch »geschlechtliche Zuchtwahl« zu erklären. Daß sich nämlich eine Pfauenhenne »ihren« Hahn nach der Pracht seines Gefieders auswählen sollte, das schien selbst ihm eine allzu menschliche Unterstellung.

Noch absurder wäre es allerdings, wollte man den herrlichen Metallglanz der Laufkäferflügel als Ergebnis eines »guten Geschmacks« der Tiere bei ihrer Partnerwahl erklären. Aber ebensowenig wie Schönheit kann Darwins Theorie technische Raffinessen erklären, die weit über alles hinausgehen, was lediglich zum Überleben erforderlich ist. Gerade bei unseren Laufkäfern entdecken wir eine solche technische Raffinesse, und zwar in ihren recht wirksamen Wehrdrüsen. Sie münden nahe dem hinteren Körperende und erzeugen ein ätzendes, übelriechendes Sekret. Ja, manche Arten können es sogar gezielt gegen einen Störenfried ausspritzen. Zweifellos eine recht originelle Verteidigungseinrichtung, aber dennoch, wie die Erfahrung lehrt, absolut überflüssig, denn die meisten, nicht minder erfolgreich überlebenden Käferarten kommen gut ohne solche Giftspritzen aus. Wie also sollte sich dergleichen als Überlebensvorteil im Kampf ums Dasein entwikkelt haben?

Den mit Abstand kompliziertesten Schußapparat besitzen die ihnen verwandten Bombardierkäfer. Eine Drüse bildet das in einem besonderen Reservoir gespeicherte hochexplosive Gasgemisch. In der angrenzenden Explosionskammer wird es durch Enzyme zur Reaktion gebracht: Unter hörbarem Knall verpufft eine heiße (bis einhundert Grad!) Gaswolke, die jeden Feind davonjagt. Aber das Ganze funktioniert eben erst, wenn es fix und fertig präpariert ist.

Die Güldenen – Flügeldecke eines Laufkäfers

Die schlanken Laufkäfer sind, sozusagen, die »Wölfe« unter den Kerbtieren. Tagsüber bekommt man sie selten zu Gesicht, da sie überwiegend des Nachts ihrer Beute nachstellen. Ihre überlangen Beine gestatten weitausholende Schritte, so daß sie – nomem est omen – weniger flinke Kleintiere leichtfüßig einholen und überwältigen können. Der untrügliche, besonders feine Geruchssinn führt sie auch bei Dunkelheit auf die Spur von Maden und Schnekken, Raupen sowie allerlei kleineren Insekten. Was die mächtigen Kiefer, die wie kurze, breite Zangenbacken kraftvoll zupacken, erst einmal zwischen ihren nadelspitzen Zähnen haben, kommt selbst bei verzweifelter Gegenwehr nimmermehr frei. Was dann geschieht, ist ebenso originell wie praktisch. In die Wunde, von den Zangenspitzen geschlagen, ergießt der Käfer seinen Magensaft und verdaut die Beute außerhalb seines Körpers. Er braucht dann nur noch die »fertige Bouillon« aufzuschlürfen! Wer wundert sich schon darüber, daß sein Verhaltensprogramm genau jener Lebensweise entspricht, die seinem Körperbau angemessen erscheint? In der Tat: ange-»messen«, exakt nach Plan zielgerichtet aufeinander abgestimmt! So bewältigt ein einziger Laufkäfer Nacht für Nacht das Dreifache seines eigenen Körpergewichtes an erjagter Beute. Im Laufe des Lebens unserer größten Art, des Puppenräubers, sind das während der drei bis vier Wochen währenden Larvenzeit etwa vierzig Raupen. Der Käfer selbst schafft pro Jahr deren vierhundert – und er kann immerhin vier Jahre alt werden!
Der Metallglanz ihrer harten Flügeldecken, die bei den flugunfähigen Arten an der Mittelnaht zu einem festen Schild verlötet sind, übertrifft sogar das farbensprühende Leuchten edler Steine. Aus diesm Grund haben die alten Chinesen Lackkästchen auch lieber mit Käferdeckflügeln verziert. Das strahlende Smaragdgrün, Kobaltblau, Kupferrot oder gar Gold entsteht überwiegend durch den besonderen Feinbau des Chitins als »Strukturfarbe«, vergleichbar den Schillerfarben so mancher Schmetterlingsflügelschuppen. Oft sind diese Flügeldecken auch, wie ehedem kostbar getriebene Ritter-Schilde, durch erhabene Muster nach festgelegten Regeln verziert, obgleich doch kein Auge sie während der nächtlichen Jagd sehen kann!
Oft, ja sehr oft scheint die Schönheit der Schöpfung reiner Selbstzweck zu sein!

Auf die Erde herabgedacht – Stierkäfer

Warum der auch im hellen Sonnenlicht tief schwarzglänzende Käfer mit den längsgerieften Flügeldecken »Stierkäfer« genannt wird, ist nicht ganz ersichtlich. Wo in aller Welt gibt es denn auch Stiere mit mehr als zwei Hörnern? Doch der mit unserem Mistkäfer nah verwandte und auch im Verhalten ähnliche Stierkäfer hat nun einmal unverkennbar deren drei! Beachtlich, solche drei martialischen Hörner auf dem Halsschild dieses doch höchstens zwei Zentimeter grosen Kerlchens! Übrigens weiß niemand so recht, wozu er sie eigentlich braucht. Ebenso große Mistkäfer kommen ohne derartige Mordwaffen ganz gut zurecht, zumal ja auch sie durchaus friedfertig veranlagt sind und keine Beute jagen wie Raubkäfer. So scheinen sie auch zur Verteidigung überflüssig, denn selbst wenn der Käfer irgendeinen Angreifer von vorn auf diesem spitzen Dreizack aufspießte, bliebe immer noch die bange Frage, wie er ihn denn nun wieder los würde. Nicht einmal zum Zerkleinern und Transportieren des unappetitlichen Nahrungsvorrates für seine Kinderstube werden diese Hörner benutzt. Lediglich wenn der Stierkäfer seine Kinderstube gräbt, schafft er damit wie mit einer Grabgabel den Sand aus dem Stollen. Immerhin: Was er dabei leistet, könnte selbst einen studierten Bergwerksingenieur neidisch machen. Treibt der kleine Bursche doch einen Schacht bis zu einer Tiefe von über anderthalb Metern in den Heideboden! Wollte unsereiner es ihm gleichtun, dann müßte er sich mit bloßen Händen sage und schreibe ca. hundertfünfundsiebzig Meter tief in die Erde hineinbuddeln.

Ganz drunten richtet der emsige Käfer dann seine Brutkammer her. Eifrig schleppt er den Dung von Kaninchen, Schafen und sogar den von Hirschen in sein Versteck. Die Eier werden stets einige Millimeter vor dem Ende der Brutkammer abgelegt, ganz so, als berechne das Tier den Platzbedarf der jungen Larve beim Schlüpfen vorsorglich mit ein. Hinter dem Ei schichtet er erst Sand in der Höhle auf, um dann, jenseits dieser Barriere, den Dung als Nahrung für die Brut zu hinterlassen. wir nennen dieses so sinnvoll planmäßige, zielgerichtete Verhalten gedankenlos »Instinkt«. Wer zerbricht sich auch schon seinen Kopf darüber, woher so ein ganz gewöhnlicher Dungkäfer eigentlich diese ganze Information hat, das fehlerfreie Programm, das er da in die Tat umsetzt?

Ideen des Schöpfers – Bockkäfer

Überraschenderweise gab es schon einmal ein Tier mit drei Hörnern auf seinem riesigen Schädel, eines vorn in der Mitte wie beim Nashorn und zwei an den Seiten. Es war ein wahrer Koloß, ein Dinosaurier, eine Riesenechse des Erdmittelalters. Ein Reptil also, aber so groß und so schwer wie ein Elefant. Vor undenklichen Zeiten schon ist diese Art ausgestorben, doch wir können uns noch heute mittels der versteinerten, gut erhaltenen Knochen ein recht genaues Bild von dieser Dreihornechse Triceratops machen.
Wer sich ein wenig auskennt im Reich der Tiere und Pflanzen, der weiß, daß es viele derartiger Ähnlichkeiten zwischen Lebewesen gibt, die ebensowenig miteinander verwandt sind wie der Stierkäfer und die Dreihornechse. Manche von ihnen sind wegen dieser Ähnlichkeit sogar nach ihrem »Vorbild« benannt worden: der Hirschkäfer und der kleinere Nashornkäfer etwa, die Känguruhratte oder auch der Walfisch, der doch in Wirklichkeit ein Säugetier ist. Scheint es nicht so, als ob diese Ähnlichen eine gemeinsame Idee verkörpern, den gleichen Gedanken des Schöpfers, den jeder auf seine Weise, mit seinen besonderen Möglichkeiten verwirklicht: der Käfer als Insekt, die Dreihornechse als Reptil? Hat nicht der berühmte Zoologe Karl Ernst von Baer († 1876), der Entdecker des Säugetier-Eies und Begründer der wissenschaftlichen Entwicklungslehre, der Embryologie, die Lebewesen ganz allgemein als »Gedanken der Schöpfung, auf die Erde herabgedacht« bezeichnet? So ist denn auch der Schöpfergedanke des Riesenhirsches in unserer Zeit noch nicht zuende gedacht, nur weil es seit dem Ende der Eiszeit keine Riesenhirsche mehr gibt. Denn als wieder Wälder emporwuchsen, wo es zuvor nur Steppe gab, konnten sie sich mit ihren gewaltigen, bis zu vier Metern ausladenden Geweihen nicht mehr ungehindert bewegen und starben aus. Aber in unseren Bockkäfern begegnen uns gewissermaßen winzige Verkörperungen just der gleichen Schöpferidee. Tatsächlich sind bei einigen von ihnen die fadenförmigen Fühler viel länger als der ganze, höchstens 15 cm lange Körper, bei einer Art (Batocera) gar 22 cm! Dabei leisten viel kürzere, an ihrem Ende fächerförmig spreizbare Fühler, wie sie unsere Maikäfer und ihre Verwandten besitzen, genau die gleichen Dienste als Geruchsinnesorgane. Aber stets übertrifft der Reichtum der lebendigen Schöpfung das allein Praktische oder nur Zweckmäßige bei weitem.

Gläserne Schwingen – Libellen-Paarungsrad

Libellen sind wahre Akrobaten der Luft! Im Gegensatz zu der Mehrzahl aller Insekten können sie ihre Flügel alternierend bewegen: während die beiden Vorderflügel nach unten schlagen, bewegen sich die hinteren aufwärts und umgekehrt. Besondere Muskeln können diese Flügel verstellen, so daß sie, entsprechend verkantet, den behenden Fliegern erlauben, ebenso vorwärts wie rückwärts zu schießen, auf der Stelle zu schweben wie Hubschrauber oder sich wie ein Fahrstuhl auf- und abwärts zu bewegen. Dabei ist die glasklar schillernde Haut dieser Flügel so dünn wie die einer Seifenblase und trotz der sie aussteifenden, stützenden Adern derart leicht, daß unsere Flugzeugkonstrukteure mit Recht neidisch sein könnten. Würde doch ein ganzer Quadratmeter noch nicht zehn Gramm wiegen! Vor kurzem erst hat man entdeckt, daß das eine dunkle Feld unter nahezu tausend eines jeden der vier Flügel, die durch das dichte Adernetz gebildet werden, eine wichtige Aufgabe erfüllt. Es ist dicker und schwerer als die anderen und verhindert dadurch, daß der Flügel ins Flattern gerät. Es entspricht dem Bleigewicht an Reifenfelgen, welches das Rad auswuchtet und exakt an der rechten Stelle plaziert für ruhigen Lauf sorgt. Die Flugsicherheit der Libellen bleibt selbst unserer modernsten Technik unerreichbares Vorbild. Was gäben wir darum, vergleichbar ideale Navigationsinstrumente bauen zu können, wie sie jede Libelle in ihren Sinnesorganen besitzt? Kein Problem für sie, selbst auf der vom Wind bewegten Spitze eines schmalen Grasblattes sicher zu landen – und ebenso schwerelos auch wieder von dort zu starten!

Was selbst beim technisch perfektionierten Weltraumflug noch immer problematisch ist, trotz aller Computer, gelingt Libellen ebenfalls mühelos: Das Ankoppeln und der Tandemflug zweier Flugkörper. Zangenbacken am Körperende des Männchens passen wie ein »Schlüsselloch« zu der besonderen Ausformung des Weibchennackens als »Sicherheitsschlüssel«! Nach der Landung auf einem dünnen Grashalm biegt das Weibchen seinen langen Hinterleib bis an eine Bauchtasche hinter der Brust des Männchens und entnimmt ihr den Samen, um die Eier in seinem Körper damit zu befruchten. Rechtzeitig hat das Männchen diesen Behälter zuvor gefüllt! Vollendete Harmonie der Schöpfung repräsentiert dieses »Paarungsrad« der Libellen – im Körperbau wie im Verhalten!

Großes Rätsel, kleines Ei – Kohlweißling-Eier

Die zitronengelben, kaum einen Millimeter langen und noch schmaleren Eier des Kohlweißlings ähneln in ihrer Gestalt geriffelten Miniatur-Volleybällen. Will man sie genau betrachten, muß man nach ihnen suchen und viele Kohlblätter dabei umdrehen. Denn die Falterweibchen kleben sie wohlweißlich mit einer besonderen Kittsubstanz an deren Unterseite und niemals, obwohl das doch so viel einfacher wäre, auf die dunklere Blattoberseite. Dort würde sie nämlich der nächste kräftige Regen abspülen, hungrige Vögel entdeckten sie mühelos, und die Sonne ließe sie vertrocknen. Natürlich »weiß« das Schmetterlingsweibchen von alledem nichts. Was hier so wohlüberlegt erscheint, ist der Ablauf eines fix und fertig angeborenen, schon im winzigen Zellkern des Eies, aus dem das Tier heranwuchs, verborgenen und verschlüsselten, codierten Programmes. Zu diesem Programm gehört auch, daß die Eier stets an den Blättern jener Pflanze abgelegt werden, die für die bald schon schlüpfenden Räupchen das richtige Futter darstellen. Beim Kohlweißling sind dies eben Kohlpflanzen, und doch saugt der Falter selbst nur flüssige Nahrung durch seinen langen Rüssel, den süßen Nektar von Wiesenblumen. Er könnte ja damit, im Gegensatz zur Raupe, gar keine Blätter zernagen! Ja, wir kennen sogar Schmetterlinge, die an jede ihrer besonderen Raupen-Futterpflanzen just so viele Eier legen, daß die vorhandenen Blätter gerade ausreichen, alle Raupen bis zur Verpuppung zu ernähren. Auch dies ist bis ins Detail vorprogrammiert. Doch bereits das Schmetterlingsei selbst, dessen winziger Zellkern sämtliche Programme codiert enthält, von der Aufbau-Anweisung der verschiedenen Organe des Raupenkörpers, der Puppe und schließlich des Schmetterlings bis zu dem genauen Zeitablaufplan ihrer jeweiligen Bildung gibt unserer Wissenschaft unlösbare Rätsel auf. Dabei wird der entscheidenden Frage nach dem Ursprung, der Herkunft dieser Information sowie ihrer Codierung von vornherein ausgewichen. Vermögen wir doch noch nicht einmal die einfacheren Fragen zu beantworten wie etwa die, wieso das Ei eine exakt ausreichende Menge an Eiweißstoffen in der erforderlichen Zusammensetzung und Vielfalt enthält, die für den Aufbau eines vollständigen, entwicklungsfähigen Raupenkörpers gebraucht wird.

Raupen mit perfekter Technik – Kiefernschwärmerraupe

Der unverhoffte Anblick eines Schmetterlings, jener »bunten Sommervögel«, die der Naturforscher Oken († 1851) den »Adel unter den Insekten« nannte, weckt bei jedermann eine ähnlich freudige Zuwendung wie etwa der besonders schöner Blumen. Von ihren Jugendformen allerdings, den Raupen, kann man das nicht gerade sagen. Allzusehr erinnern sie an »Gewürm«, das beinlos bäuchlings auf der Erde kriecht. Ja, viele ekeln sich vor Raupen, nur weil sie an Maden erinnern, die unsere Lebensmittel ungenießbar machen. Doch damit tut man ihnen bitter Unrecht! Wer sich nicht gleich verächtlich abwendet, sondern eine Schmetterlingsraupe einmal mit Muße betrachtet, womöglich durch ein Vergrößerungsglas, wird aus dem Staunen so rasch nicht herauskommen. Raupen verkörpern jenes Entwicklungsstadium des Schmetterlings, in dem es auf rasche Größen- und Gewichtszunahme ankommt, das »Freßstadium«, in dem alle Nährstoffe aufgenommen und umgewandelt werden, die zum Aufbau des Schmetterlingsorganismus während der Verpuppung erforderlich sind. Und just dafür sind sie auch hervorragend ausgestattet. Ihre Kiefer bilden kräftige, oft mit spitzen Zähnen bewehrte Zangen, denen kein Blatt oder Zweig, ja nicht einmal die harte, harzreiche Kiefernnadel widerstehen kann. Die Raupen des Kiefernschwärmers vermeiden es mit Hilfe besonderer Drüsensekrete, daß ihnen das Harz alles verklebt – und verdauen es sogar! Große Augen – wie der Schmetterling – brauchen Raupen nicht, da sie schon auf ihrer Futterpflanze aus dem Ei kriechen und nicht erst danach suchen müssen. So genügen winzige Punktaugen vollauf, zumal der ausgezeichnete Geruchssinn gar keinen Irrtum bei der Nahrungswahl zuläßt. Aber was nützte das alles ohne jene merkwürdigen, saugnapfartigen Bauchfüße, wie sie paarweise am dritten bis sechsten Hinterleibsring sitzen? Ihre anschmiegsame, weiche, kreisrunde Sohle haftet an jeder glatten Fläche, und für sicheren Halt an rauhen sorgen die Hakenborsten an ihrem Außenrand. Welcher Ingenieur hätte sich eine vollkommenere, zweckmäßigere Vorrichtung ausdenken können? Und kein Feinmechaniker vermöchte solch winzige, selbst die feinsten Staubkörnchen zurückhaltenden Siebe zu konstruieren, wie sie die beiden ovalen, hier orangefarbenen Atemlöcher an den Seiten eines jeden Leibesringes verschließen! Jede einzelne ihrer unzähligen Gitterborsten muß schon im Ei vorprogrammiert gewesen sein!

Schönheit der Verachteten – Raupe vom Nachtpfauenauge

Schmetterlingsraupen erscheinen keineswegs allein in technischer Hinsicht vollkommen. Gewiß, es mangelt ihnen an nichts, sie verfügen über alles, was sie für ihr durchaus nicht einfaches Leben benötigen. Obwohl sie doch nur Zwischenstadium zum fertigen Tier sind, darf man sie mit Fug und Recht als perfekte Geschöpfe bezeichnen. Wie anders könnten sie auch überleben? Allein ihre Häutungen, das wiederholte rechtzeitige Bilden einer völlig neuen, noch dehnbaren Haut unter der zu eng gewordenen, nicht mehr elastischen alten und das richtige Schlüpfen setzt ein kompliziertes Zusammenwirken unglaublich vieler Einzelprozesse voraus. Da muß alles und jedes genau stimmen, denn der geringste Fehler – etwa in der Wahl des Zeitpunktes oder geeigneten Ortes – käme einem Todesurteil gleich.
Diese neue Raupenhaut, die da unter der alten noch zerknittert und faltig zusammengepreßt heranreift, ist für sich allein betrachtet schon ein unglaubliches Wunderwerk. So bildet sie oft Haare, nicht nur als dichten Pelz, der die Raupe optisch vergrößert und dadurch für kleinere Vögel scheinbar ungenießbar macht. Haare reizen auch bei größeren Feinden die Schleimhäute, sind als verzweigte »Dornen« sparrig und erschweren das Hinunterschlucken, und bei einigen Arten sind sie sogar giftig! Doch ihre Anordnung, besonders wenn sie büschelig auf warzenähnlichen Erhebungen stehen, ist streng geordnet und wird als Muster vererbt. Aber am auffallendsten sind die Farbenmuster. Sie wechseln sogar mit den Häutungen: Junge Nachtpfauenaugenraupen sind schwarz und auf den dunklen Heidekrautstämmchen kaum zu erkennen; die größeren, älteren dick und auffallend grün mit schwarzen Querstreifen. Diese Tarnfärbung löst ihren Umriß, nun im dichten Blattgewirr, optisch auf!
Tarnung, Unsichtbarmachen ist nicht alles! Die auffallenden Farben Rot oder Gelb bewirken gerade das Gegenteil: als befremdend schrecken sie ab. Es handelt sich dabei um chemisch recht verschiedene Stoffe, die auch unterschiedlich verteilt sind: in der Chitinhaut, in der weichen Unterhaut darunter oder im Blut gelöst. Daß diese Vielfalt nicht zu einem einfarbig-trüben Gemisch wird, sondern Form annimmt und unverwechselbar arttypische Muster bildet, das ist ohne Plan, ohne eine exakte Programmierung bereits in der Eizelle völlig undenkbar!

Traumvögel der Wiesenmeere – kleiner Feuerfalter

»Die Schmetterlinge sind fliegende Würmer von vielerlei Farben«, schrieb Albertus Magnus vor mehr als 700 Jahren. »Denn einige sind auf den Flügeln wie der Purpur, einige weiß, einige hyazinthblau, und einige haben rote Farbe.« In der blumenreichen Sprache des Lyrikers wirkt das, was der naturforschende Dominikanermönch nüchtern-sachlich beschreibt, freilich weit klangvoller. Friedrich Schnack nennt die Bläuling »zarte Elfen der Gräser, winzige Traumvögel der Wiesenmeere« und schreibt von ihnen: »Man könnte meinen, ein Wirbelwind habe diese Himmelsschuppen von der Lichthaut des Firmaments abgeblättert, und sie hätten ihre Leichtigkeit und ihren feinen Flug aus der oberen Welt, in der alles leicht und fein ist.«

Sie sind zu beneiden, diese lebhaften kleinen Falter, deren leuchtendblaue Flügel bei jedem Flatterschlag wie funkelnde Edelsteine im Sonnenlicht aufblitzen, wenn sie wie trunken durch die Süße des Nektars von Blüte zu Blüte gaukeln. Legen sie nicht gerade Eier, so dürfen sie allein ihren Neigungen leben, da sie weder wie Ameisen Kriege führen, noch gar arbeiten müsen wie Bienen. Aber nicht alle Angehörigen der großen Bläulingfamilie sind auch blau! Einer der schönsten, der kleine Feuerfalter, macht seinem Namen alle Ehre. Seine dunkelgesäumten Vorderflügel prangen in einem lodernden Rotgelb, den Farben der flackernden Flamme. Auch die vielfach geschweifte Saumbinde der samtdunklen Hinterflügel ist von gleicher Färbung. Ausnahmsweise sehen hier beide Geschlechter fast gleich aus, während sie sich bei anderen Bläulingsarten doch auffällig unterscheiden. In manchen Jahren mit besonders günstiger Witterung erscheinen gar drei Generationen hintereinander, nicht einmal getrennt, sondern sich oft sogar überschneidend. Die grünen Raupen der letzten, der Herbstgeneration, die bis in den Oktober hinein fliegt, überwintern und verpuppen sich erst im nächsten Frühling.

Ihr wunderbar symmetrisch geordnetes, farbenprächtiges Flügelschuppenmosaik bauen die Feuerfalter ausschließlich aus dem Blattgewebe des Kleinen Sauerampfer auf. Dieses bescheidene Pflänzchen dürftiger Böden ist ja die einzige Nahrung, die ihre Raupen zeitlebens zu sich nehmen. Und selbst dieses so »verwandelte Unkraut« übertrifft allen Prunk des Königs Salomon!

Kinder des Regenbogens – großer Schillerfalter

Nach Iris, der Göttin des Regenbogens, hat man ihn benannt, den Großen Schillerfalter Apatura iris. Aber das metallische dunkelblauviolette Schillern seiner im hellen Sonnenlicht weit ausgebreiteten Flügel übertrifft selbst das sprühende Farbenspiel eines noch über den Horizont ausgespannten Regenbogens nach erfrischendem Sommergewitter. Es gibt bei uns in Europa keinen Tagfalter, der ihm an Pracht gleichkäme. So wirkt er denn, der Einsame, dessen farbenspiegelnde Verwandtschaft unter tropischem Himmel und südländischer Sonne beheimatet ist, wie ein exotischer Fremdling, der sich in den unwirtlichen Norden verirrt hat. Selbst sein elegant schwebender Flug, bei dem er nur hin und wieder einmal die Flügel bewegt, hat etwas majestätisch-Fremdländisches. Nur selten läßt sich der Schöne auch einmal auf bunten Blüten nieder. Seltsamer Kontrast: ausgerechnet er schätzt den uns so unangenehmen Geruch von Fäulnis und Verwesung weit mehr als verführerischen Nektarduft!

Er schillert allerdings nicht unentwegt. Als könnte der große Falter das strahlende Leuchten seiner Flügel gleich einem Licht an- und abschalten, blitzt dieses tiefe Kobaltblau immer wieder jählings auf und erlischt ebenso unerwartet. Denn das hat unser Schillerfalter wirklich mit dem Regenbogen gemein: seine Farbe ist nichts als ein flüchtiges Geschenk der Sonne. Wie beim Laubfrosch würde man auch bei ihm vergebens versuchen, sie mit Hilfe chemischer Mittel aus der Haut zu lösen. Dort entsteht sie durch einen geradezu raffinierten Feinbau spezieller Flügelschuppen. Diese »Schillerschuppen« bestehen, wie Schmetterlingsschuppen allgemein, aus einer Unterseitenlamelle und der von Säulchen getragenen Oberseitenlamelle. Zwischen den Säulchen befindet sich Luft. Die Haut der Oberseitenlamelle ist in Längsleisten ihrerseits wiederum aus noch unvorstellbar dünneren Schichten aufgebaut. Da auch sie Luft zwischen sich einschließen, kommt es zu dem »Interferenz« genannten optischen Effekt: Ein Teil der Spektralfarben des Lichtes löscht sich dabei selbst aus, so daß beim Schillerfalter nur der blauviolette Anteil des Spektrums reflektiert wird. Nein, kein Mensch könnte diese »Strukturfarbe« auf gleichem Wege und mit gleichen Mitteln erzeugen! Erst die vieltausendfache Vergrößerung des Elektronenmikroskops machte den »Trick« ja überhaupt sichtbar!

Flugreise mit dem »Autopiloten« – Admiral

Das Schmetterlingsei, genauer gesagt, sein winziger Kern, kann noch etwas unvergleichlich Rätselvolleres bergen, als »nur« die unerhört reichhaltige Information, das Programm, wodurch die Entwicklung des Tieres gelenkt wird. Steckt doch im Ei-Zellkern des Admiral – kein Mensch weiß, wo und wie verschlüsselt – bereits der fix und fertige Navigationsplan für die weite Reise, die der Falter gegen Ende des Sommers antreten wird. Nicht allein, daß dieser vorgeplante Weg offensichtlich die Genauigkeit einer modernen Flugkarte besitzt, auch der dazu passende Zeitplan ist vorprogrammiert. Alles in allem: eine Art perfekter Autopilot, der sich da selbst zur rechten Zeit vor dem Schlüpfen eines Admirals in dessen winzigem Gehirn konstruiert. Man gab dem Friedfertigen diesen kriegerischen Namen wegen seiner prächtigen roten »Schärpe« auf den samtdunklen Flügeln. Seine vollendete Flugtechnik gibt uns nicht nur Rätsel über Rätsel auf, sondern auch allen Grund zum Neidischwerden. Was gäben unsere Flugzeugkonstrukteure und Piloten darum, wären ihre komplizierten Navigationsinstrumente auch nur annähernd so genau und zuverlässig wie die seinen!

Der Admiral verläßt uns im Herbst und fliegt, den Zugvögeln gleich, nach dem warmen Süden. Man bedenke: Ein Schmetterling, Sinnbild der Zartheit und Verletzlichkeit, überquert die Alpen, schreckt nicht zurück vor ihren schroffen Felsenkämmen und dem bläulichweißen Eis ihrer Gletscher! Als wisse er, wo ihm auch im Winter der Tisch reichlich gedeckt ist, ziehen ihn Italiens sonnige Küsten an wie ein Magnet. Schnurgerade verfolgt er seinen Weg auch über Hindernisse hinweg. Im Mittelmeerraum folgt eine Faltergeneration ohne winterliche Unterbrechung der anderen, und so mögen es dann erst die Enkel unserer »Auswanderer« sein, die im darauffolgenden Mai den gleiche Weg mit nicht minderer Zielsicherheit zurückfinden in die alte Heimat. Der »Treibstoff«, der diese Riesenleistung ermöglicht, ist nichts als ein wenig Fett – weniger als ein Zehntel Gramm! Auch der rechtzeitige Umbau von Nektarzucker in Transportfett gehört eben zum Programm. Aber wo in aller Welt gäbe es denn ein Computerprogramm, das ganz von selbst, rein zufällig entstanden wäre, eine exakte Information über streng einzuhaltende Wege und ihr Ziel am Ende – ohne Einsicht, Vernunft und Intelligenz?

Der Vogel im Krönungsmantel – Pfauenfedern

Seine lange, türkisgrüne und reich ornamentierte Schleppe aus Rückendeckfedern gereichte jedem prunkvollen Königsmantel zur unvergleichlichen Zier! Nicht ohne Grund galt der Pfau schon in frühchristlicher Zeit als Symbol der Eitelkeit. Nein, selbst Salomon besass kein Festgewand von auch nur annähernd vergleichbarer Pracht. Mochte sein Königsmantel auch mit blitzenden Goldfäden durchwoben, mit mattleuchtenden Perlen bestickt und mit funkelnden Edelsteinen verschwenderisch besetzt gewesen sein, mit der farbenstrahlenden Majestät des Pfauenrades verglichen blieb er nicht mehr als der misslungene Versuch eines schwachen Abbildes!

Zudem: welcher mit Gold, Perlen und Edelsteinen gezierte Mantel webt sich selbst, fertigt sich ohne fremde Hilfe aus nichts als Samenkörnern, der Nahrung des Pfauen, nach innerem, unbeirrbarem Plan? Was da geschieht, ist in der Tat ein Wunder der Schöpfung! Nichts bleibt dem blinden Zufall, seiner Sinn- und Planlosigkeit überlassen. Jede mikroskopisch winzige Einzelheit scheint exakt programmiert wie im Plan eines genialen Architekten, der das angestrebte Ziel schon im Auge hat, lange bevor seine Verwirklichung beginnt. Sie erfolgt nach einem minutiösen Zeitplan, denn erst nach der dritten Mauser weniger auffälliger Jugendfedern bilden sich jene unvergleichlichen, langgekielten Deckfedern, die der balzende Pfauenhahn verführerisch zu einem riesigen Hohlspiegel auffächert. Obwohl ihre Augenmuster in der finsteren Enge des Blutkiels entstehen, sitzt ein jedes an der richtigen, eben an »seiner« endgültigen Stelle dieses Spiegels. Gemeinsam präsentieren sie sich, den Blick der Henne bannend, wie auf vorgezeichneten, einander überkreuzenden Bogenlinien zum stimmigen Muster angeordnet. Verwundert's noch, dass auch die Farben und dieser unnachahmliche Glanz stimmen, fix und fertig vorbereitet in der noch fest zusammengerollten zukünftigen Federfahne? Das allein durch den besonderen Bau der Federäste als Strukturfarbe nur aus Licht entstehende Blau strahlt dank besonderer Oberflächenbildungen metallisch und mischt sich mit just an den richtigen Stellen eingelagertem gelbem Pigment zum matten Zeisiggrün oder strahlenden Türkis. Es gemahnt geradezu an einen rätselvollen Magier-Trick, wenn das aufgefächerte Rad die ganze wohlvorbereitete Ordnung unerwartet präsentiert!

Der verborgene Ordner – Segelfalterweibchen

Bewegungslos, mit weit ausgebreiteten Flügeln sitzt der große Falter in der Abendsonne. Er sucht ihre Wärme regelrecht einzufangen, wenn es über den schroffen Kalkfelsen hoch oben im Bergland allmählich kühler zu werden beginnt. Denn sich nach langem, anstrengendem Flatterflug auszuruhen, das hat er nun wirklich nicht nötig, der Segelfalter (Papilio podalirius). Macht er doch seinem Namen alle Ehre und schwebt, einem Drachenflieger vergleichbar, erstaunlich lange ohne einen einzigen Flügelschlag im leichten Aufwind über dem Felssturz.

Jetzt, während er unbeweglich auf einem Buchsbaumzweig sitzt, springt das Besondere an seinem arteigenen Farbenmuster direkt ins Auge – gerade weil es nicht aus verwirrend vielfarbigen Flecken und Streifen besteht, wie bei so manchem anderen unserer buntscheckigen »Sommervögel«. Über ein recht helles, blasses Gelb als Grundfarbe ziehen lediglich ein paar schwarze Streifen vom Vorderrand der Vorderflügel bis zum Hinterrand der kleineren Hinterflügel, wobei sie sich ganz allmählich keilförmig verengen. Und das, ohne einen Sprung und Knick, ohne die geringfügigste Unregelmäßigkeit also in der korrekten Linienführung jener scharf gezeichneten Grenze zwischen Schwarz und Gelb. Nein, es fällt nicht leicht, die Stelle zu entdecken, wo solch ein keilförmiger Streifen vom Vorderflügel auf den Hinterflügel übergeht. Man könnte wirklich glauben, diese dunklen Streifen seien durch kräftige Pinselstriche nachträglich auf das blaßgelbe Feld aufgemalt worden!

Aber in Wirklichkeit handelt es sich auch hier um Mosaik-Streifen, zusammengesetzt aus jeweils vielen, vielen Tausenden dunkelpigmentierten Schuppen – mitten zwischen Millionen gelben! Beide Hälften eines Streifens bilden sich, völlig getrennt und unabhängig voneinander, auf verschiedenen Flügelflächen. Zudem bereits, wenn diese Flächen noch eng zusammengefaltet, »zerknittert« unter der engen Puppenhülle stecken! Doch wenn die Flügel dann nach dem Schlüpfen ausgebreitet werden, stimmt ihr Muster fehlerfrei – zumal das Tier instinktiv und ohne es kontrollieren zu können seine Flügel in Ruhe so stellt, daß die Grenzlinien glatt ineinander übergehen! Aufbau-Programm und Verhaltens-Programm, jedes für sich wunderbar geordnet, sind einander sinnvoll zugeordnet. Nichts als Zufall? – Undenkbar!

Mysterium Gestalt – Schnirkelschnecke

Wo immer in Wasser gelöster Kalk als festes Gestein ausgeschieden wird, entstehen die absonderlichsten Gebilde. Welche Form etwa Sinterkrusten um Quellen oder Tropfsteine in unterirdischen Karsthöhlen auch zeigen mögen, stets entbehren sie jeglicher Regelmäßigkeit und Ordnung. Chemische Prozesse bringen von sich aus nichts sinnvoll Geordnetes hervor, sondern nur Ungestaltetes, Amorphes. Ein lebender Organismus jedoch, und sei es auch »nur« eine ganz gewöhnliche Gartenschnecke, zwingt diesen Prozessen seine artgemäße, ganz spezifische Ordnung auf. Ja, es sind erstaunlicherweise tatsächlich die gleichen Stoffumwandlungen, die sich an der Decke einer Tropfsteinhöhle beim Entstehen eines knorrigen Stalaktiten ereignen und die bei der Kalkausscheidung des Schneckenkörpers dieses so phantastisch konstruierte Gehäuse entstehen lassen!

Phantastisch? Ohne jede Übertreibung! Von der Gehäusespitze bis zur weiten Mündung werden die Umgänge, die sich einer Wendeltreppe vergleichbar schraubig um ihre Spindel als Längsachse winden, einem strengen geometrischen Gesetz folgend stetig weiter. Nirgends eine häßliche Beule! Keine störende Kante unterbricht die vollendete Form, keine Rauhigkeit die Glätte der durch eingelagerte Pigmente gefärbten dünnen Oberhaut. Dunkle Bänder zeichnen, wie mit dem Lineal gezogen, exakt die Spirale der Umgänge nach. Alles scheint hier wie am Reißbrett geplant, berechnet und entworfen! Müßig, daran zu erinnern, daß all diese Gesetze bereits im Zellkern des Schneckeneies als Information enthalten sein müssen – codiert in der Geheimsprache chemischer Moleküle der Erbsubstanz!

Tatsächlich können selbst erfahrene Maurer keinen diesem Schneckenhaus vergleichbaren Turm, lediglich in vergrößertem Maßstab, ausführen, ohne sehr präzise Pläne. Und sie müßten peinlichst genau eingehalten werden, unter ständigem kritischem Nachmessen und Berichtigen. Schon geringfügige Meßfehler würden dazu führen, daß die gesamte Konstruktion am Ende nicht stimmig wäre. Architekten, vertraut mit allen mathematischen und physikalischen Formeln und erfahren in der Anwendung sämtlicher Gesetze der Statik wie Mechanik, müßten darüber wachen, daß alles und jedes ebenso exakt ausgeführt wird, wie es zuvor errechnet und entworfen worden war. Doch so ein Schneckenhaus aus Kalk wächst einfach von selbst – unsere ganze Wissenschaft beschämend!

Schneckenhaus mit Sicherheitstür – Schließmundschnecke

Nein, auch die kleine Schnecke mit dem seltsamen Namen »Schließmundschnecke«, deren knapp ein Zentimeter langes, dunkelbraunes und turmförmiges Haus in Borkenritzen so vorzüglich getarnt ist, weiß nichts von Mathematik und Physik oder den Gesetzen der Architektur. Nicht die geringste Ahnung besitzt sie von den verzwickten Formeln und Reaktionsgleichungen der Chemie. Dennoch versteht auch sie es, wie selbstverständlich aus dem in ihrer Nahrung gelösten Bikarbonat unlöslichen Kalk zu bereiten und just dort auszuschwitzen, wo er als Baustoff benötigt wird. Daß dies genau zum richtigen Zeitpunkt an der rechten Stelle in der geeigneten Dicke und Menge geschieht, damit ein passendes Gehäuse entsteht, wer zerbricht sich darüber beim Anblick einer kleinen Schnecke schon den Kopf? Und doch widerlegt, was hier im Verborgenen geschieht, die naive Zufallstheorie vernichtend! Nichts, auch nicht die geringste Nebensächlichkeit, ist hierbei dem ziel- und planlosen Zufall überlassen, denn wie könnten dann die Gehäuse einer bestimmten Art alle einander gleichen wie ein Ei dem anderen?

So paßt denn auch die Tür, mit der unsere Schnecke den Mund ihres Hauses verschließen kann, keineswegs zufällig so exakt vor dessen engen Zugang. Daß dieser Mund, der Eingang des Hauses, durch seine seltsam geschwungenen, porzellanhellen Leisten an eine Ohrmuschel erinnert, hat seine besondere Bedeutung. Die tiefen Furchen, die sie zwischen sich begrenzen und die weit bis ins Gehäuseinnere verlaufen, stellen sozusagen die Schienen dar für eine winzige Kalkplatte. Mit ihrem dünnen Stielchen ist sie an der Spindel angeheftet. Zieht sich das Tier in sein Haus zurück, so gleitet dieses Kalkplättchen sicher wie eine schwere Tresortür in ihrer Schiene bis vor die innere Öffnung und versperrt sie fugendicht. Sie ist darin – wiederum der diebstahlsicheren Tresortür vergleichbar – genau in den stützenden Rahmen eingepaßt. Beim Herauskriechen aus dem Haus schiebt der Schneckenfuß diese »Haustür« vor sich her, in der wohlvorbereiteten Schiene unfehlbar in eine eigens für sie reservierte Nische zwischen zwei Kalkleisten, die sie dort sicher festhalten. Das Haus der Schließmundschnecke und seine Tür, getrennt gebildet, ergänzen sich ohne den geringsten Fehler gegenseitig in volkommener Harmonie. Armer »Zufall«!

Rhythmen des Lebens – Pilzfruchtkörper am Baumstamm

Alles Lebensgeschehen vollzieht sich in einer wunderbaren Ordnung. Sie ist das kennzeichnende Merkmal jedes Tieres wie jeder Pflanze, und seien es selbst die urtümlichsten, die am einfachsten gebauten Organismen. Ja, oft präsentiert sich diese wundersame Fähigkeit, untergeordneten Baustoff zu ordnen, aus dem Chaos einen Kosmos, wenn auch nur einen Mikrokosmos aufzubauen, gerade an niederen Formen besonders augenfällig. So zeigen schon ohne vergrößernde Lupe die konsolenartig aus morschem Stammholz hervorbrechenden Baumpilze deutliche, konzentrisch-wohlgeordnete Zuwachsstreifen. Oft sind sie sogar unterschiedlich gefärbt, je nachdem, welche Öle, Harze oder Farbstoffe jeweils in den neuen, äußersten und damit ja auch jüngsten Ring eingelagert werden. Das Heranwachsen dieser Fruchtkörper, die sich erst dann, einem festgelegten Zeitplan, einer inneren Uhr gemäß bilden, wenn die weißen Pilzhyphen den Holzkörper genügend weit durchwuchert haben, erfolgt also rhythmisch. Ein neuer Ring lagert sich an den letzten, bislang äußersten an, nach innerem Gesetz und nicht etwa, wie bei den Wachstumsringen unserer Bäume, durch die Folge der Jahreszeiten bestimmt. Denn manche Fruchtkörper werden ja nicht älter als nur ein Jahr! Aber findet man rhythmisch angelegte Zuwachsstreifen nicht ebenso im Unbelebten, bei Mineralien wie Achat oder Malachit, als Ergebnis chemischer Stoffausfällungen? Entsteht da nicht auch Ordnung, wie bei unserem Pilz – ganz ohne Plan und Ziel? Schaffen nicht die »blinden« physikalischen Kräfte des Wasserdruckes an jedem flachen Strand eine Streifen-Ordnung: am weitesten oben sammelt sich leichter Sand, meerwärts folgen feiner Kies, grober Kies und zuletzt schwere Geröllsteine?
Doch der Schein trügt. Was physikalische Kräfte und Gesetze, was chemische Reaktionen an scheinbarer Ordnung hervorbringen, ist in Wirklichkeit nur eine »Anordnung«, weil das wesentliche Moment echter Ordnung fehlt: ihr Sinn und Zweck, die Aufgabe oder Funktion, die sie erfüllt. Die Anordnung der Ringe im Mineral oder der Spülsäume am Strand könnte auch beliebig anders sein, ohne Nutzen oder Schaden. Nicht so beim Pilz! Die geringste Störung gerade seiner Ordnung bedeutete sein Ende. Könnte er doch dann seine Aufgabe nicht mehr erfüllen: Tag für Tag Milliarden Sporen, Kopien seines Aufbau-Programms zu bilden!

Das jährliche Wunder – Entfaltung von Buchenblättern

> »Blätter verweht zu Erde der Wind nun,
> andere treibt dann wieder der knospende Wald,
> wenn neu auflebt der Frühling...«

So schrieb einst der römische Dichter Ovid in seinem Meisterwerk, den »Metamorphosen« oder Verwandlungen. Noch immer vollzieht sich vor unseren Augen in jedem Frühling das gleiche Wunder – und kaum jemand staunt darüber! So rasch gewöhnen wir uns an die stete, getreue Wiederkehr des ewig Gleichen. Längst ist, was da Unerhörtes geschieht, »alljährlich« geworden – und so halten wir es gedankenlos für etwas Selbstverständliches! Unerhört? Ganz ohne Zweifel! Noch unter dicht geschlossenen Knospenschuppen bilden sich, regelmäßig um das junge Sproßende angeordnet, durch verstärktes Zellwachstum kleine Gewebehökker. Wie auf geheimen Befehl teilen sich diese zukünftigen Blattzellen schon bald nicht mehr nach allen, sondern bevorzugt nur noch nach zwei Richtungen des Raumes. Der größer werdende Gewebehöcker flacht sich ab, und genau dort, wo das Blatt einmal am breitesten sein soll, teilen sich seine Zellen wie auf Verabredung längere Zeit als weiter spitzenwärts. Je näher eine Blattzelle dieser zukünftigen Spitze liegt, umso eher stellt sie alle weiteren Teilungen ein und dies derart minutiös auf Hunderttausende Nachbarzellen abgestimmt, daß zwei wie mit dem Kurvenlineal gezogene, geschwungene Blattränder entstehen, die ganz regelmäßig und exakt symmetrisch aufeinander zustreben. Aber so ein Blatt ist ja keineswegs nur Fläche, sondern ein dreidimensionales, aus recht verschiedenen Schichten aufgebautes, oder richtiger: sich selbst aufbauendes Gebilde. So müssen sich denn die nach unten oder oben durch Teilung abgegliederten Zellen jeweils ganz anders spezialisieren, etwa zu Teilen der Blatthaut oder der Leitgefäße werden. Das alles geschieht mit einer geradezu traumwandlerischen Sicherheit. Nirgends ist ein Fehler, ein verunzierender Auswuchs oder dergleichen zu entdecken. Die Blattadern streben in stets gleichen, korrekten Winkeln von der Mittelrippe ab – bei einem der 200 000 Blätter einer Buche wie beim anderen! Und das geschieht in der Knospe, auf engstem Raum zusammengefaltet, und doch stimmen alle Proportionen. Ein unbegreiflich sinnvoll gelenktes Werden. Wirklich kein Wunder?

Der nie versagende Fallschirm – Flugfrüchte

Leonardo da Vinci, der berühmte Künstler, Architekt, Ingenieur und Naturforscher, sah zeitlebens in Pflanzen und Tieren Vorbilder, deren technische Leistungen er nachzuahmen versuchte. In Schloß Clou bei Amboise an der Loire, wo er im Jahre 1519 starb, hängt ein Modell jenes Fallschirms, den er gezeichnet, aber glücklicherweise niemals gebaut und ausprobiert hat. Unfehlbar wäre er, an Schnüren unter diesem pyramidenförmigen Tuchzelt hängend, abgestürzt, zumal ganz oben jene Öffnung fehlte, aus der die unter dem Schirm zusammengepreßte Luft entweichen kann. Zweifellos hat ihn, der schon als Junge Pflanzen sammelte und zeichnete, die Fallschirmfrucht des Löwenzahns oder Bocksbartes zu dieser Erfindung angeregt. Nur: Er hatte eben nicht das erforderliche besondere Material, um eine solche Flugfrucht naturgetreu nachzubauen!

Dieses Material des Bocksbartschirmes ist – reine Baumwolle! Zellstoff, so durchlässig »verwoben« wie wir das niemals fertigbrächten. Zudem sind die hauchdünnen Fäden dieses Gewebes auch noch mit Luft gefüllt, weshalb sie ja so silbrig glänzen. Daher vereinen diese Miniaturfallschirme auf technisch perfekte Weise Leichtigkeit mit Tragfähigkeit, denn je leichter und größer der Schirm, umso mehr Angriffsfläche findet der Wind, umso langsamer sinkt die »Last« ab, umso weiter wird sie fortgetragen.

Und dieser Idealschirm, der nie versagt und stets einsatzbereit ist, bildet sich ganz von selbst! Wenn die Blüten welken, schließen sich die schmalen Blätter des Körbchen-Außenkelches zu einer wasserdichten Hülle. Darunter, verborgen im Dunkeln, geschieht das Unbegreifliche. Während die Früchtchen reifen, wächst aus jedem ein Stiel nach oben. Sobald eine bestimmte Höhe erreicht ist, verästelt er sich durch gleichlange Strahlen, die untereinander spinnennetzartig durch feinste Fäden verbunden sind. Das alles erfolgt in zusammengefaltetem Zustand, und dennoch exakt nach Plan! Denn wenn sich, genau zum richtigen Zeitpunkt, keine Stunde zu früh, die Hülle langsam wieder öffnet, entfalten sich die pinselartig zusammengepreßten strahligen Verzweigungen aller Schirmchen – und bilden gemeinsam eine geschlossene, makellose, Kugelfläche! Der Plan ist fehlerfrei verwirklicht – ein Geschehen, so alltäglich wie unfaßbar!

Ein technisches Meisterwerk – Grabhand des Maulwurfs

Die breite, großflächige Hand unseres Maulwurfs scheint für das unscheinbare Tier viel zu gewaltig. Doch wenn man sie einmal im Hinblick auf ihre besondere Funktion betrachtet, so erweist sich recht überzeugend, daß dies vermeintliche Übermaß die ideale Proportion darstellt. Was auf den ersten Blick wie eine Disharmonie anmutet, ist in der Tat eine schlechthin vollkommene Anpassung an die eigenartige unterirdische Lebensweise des Maulwurfs. Diesem Troglodyten unter unseren einheimischen Säugetieren wären lange Beine, wie sie ein typischer Schnelläufer, ein Huftier etwa, besitzt, in seinen niedrigen Höhlengängen ebenso hinderlich wie känguruhähnliche Springbeine oder gar fischähnliche Flossen eines Wals. So jedoch hat der Gräber just die Arme und Beine, Hände und Füße, die gerade für ihn richtig sind: kurz, gedrungen und somit kräftig, als Füße zum erstaunlich flinken Voranschieben unter der Erde nicht minder ideal denn als Hände zum Wegscharren des Bodens.

Die Maulwurfshand ist wiederum eines jener schier zahllosen Beispiele für die immer wieder aufs neue verblüffende Vorwegnahme vermeintlich menschlicher Erfindungen durch die lebendige Schöpfung. Den Konstrukteuren des ersten Baggers wäre viel Nachdenken, Probieren, Verwerfen, Neuplanen und Berechnen erspart geblieben, hätten sie nur unserem Maulwurf beim Graben auf die Hände geschaut! Selbst ohne ein langwieriges Studium der Mathematik, Physik und Ingenieurswissenschaften wären sie ohne Zweifel bedeutend rascher zu entschieden besseren Ergebnissen gekommen! Vor allem jedoch zu vielfältigeren, denn die Maulwurfshand repräsentiert ja schließlich nur eine Anwendungsform der »natürlichen Baggerschaufel«, wobei ihre langen, starken Nägel den Greifer-Haken entsprechen. Allerdings erneuern sich diese lebendigen Haken ständig im gleichen Tempo selbst, indem sie sich abnutzen – und das bringt nun einmal kein vom Menschen gebauter Bagger jemals fertig! Auch die Hände des Gürteltieres oder des Ameisenbären sind solche kreatürlichen Baggerschaufeln, wie die Vorderbeine jener Grille, die man ob dieser Ähnlichkeit »Maulwurfsgrille« nennt.

Sie alle sind wieder Beispiele für den gleichen Schöpfergedanken, der sich in völlig verschiedenen Tierarten und, wie beim Insekt Maulwurfsgrille, auch unterschiedlichem »Material« ausdrückt.

Das »Unkraut« und die Göttliche Proportion – Boretschblüte

Was in aller Welt soll denn Besonderes an einer Boretschblüte sein? Findet man dieses rauhborstige Küchengewürzkraut nicht in jedem Nutzgarten? Sicher, das strahlende Himmelblau seiner Blüten steht dem der Glockenblumen nicht nach. Dennoch – Boretsch in einer Blumenvase? Da würde man sich ja nur stechen!
Mag sein, daß die ebenmäßige Blüte deshalb kaum Beachtung findet, weil sie ausgerechnet ein Rauhblattgewächs ziert. Doch das wäre nichts als unbegründete Voreingenommenheit. Konfrontiert uns doch gerade dieser leuchtende Blütenstern mit einem unlösbaren Rätsel des Lebendigen. Freilich begegnet es uns in unzähligen anderen Blüten ebenfalls, doch nur selten vergleichbar eindruckvoll. Bilden doch die spitzen Zipfel der langen, blauen Blütenkronblätter die Ecken eines geometrisch-exakten Fünfecks, und ebenso die stumpfen Enden der nicht minder präzise dazwischen auf Lücke stehenden, grünen Kelchblätter. Wer es einmal versucht, solch ein regelmäßiges Fünfeck zu zeichnen, wird bald merken, daß das sehr wohl seine Tücken hat! Dazu muß man nämlich den Radius eines Kreises nach dem Goldenen Schnitt teilen, so, daß sich der kürzere Abschnitt zu dem längeren verhält wie dieser längere zur Summe beider – und das ist ohne gediegene mathematische Kenntnisse nun einmal nicht möglich. Der längere Abschnitt läßt sich genau zehnmal auf dem Kreisumfang abtragen. Überspringt man immer eine Schnittstelle, erhält man das perfekte Pentagramm, jenes uralte, magische Zeichen, das Dr. Faust auf seine Türschwelle malte, damit es böse Geister banne. Diesen Goldenen Schnitt, der uns im Breiten-Längenverhältnis von Foto-Formaten wiederbegegnet, da es als besonders harmonisch empfunden wird, nennt man auch »die Göttliche Proportion«. Denn als Bruch dargestellt ergibt sie folgende Reihe:

$$2/3 = 3/5 = 5/8 = 8/13 = 13/21 = 21/34 \text{ usw.}$$

Der Nenner jedes Bruches, der diese Proportion ausdrückt, wird zum Zähler des folgenden, die Summe aus Zähler und Nenner zu dessen Nenner und so fort. Einer zeugt so den anderen – bis ins Unendliche. Dies eben ist das Schöpferische, das Göttliche an der Proportion des Goldenen Schnitts. Bei der Bildung der Blüte werden diese mathematischen Gesetze peinlichst befolgt. Auch sie müssen im Programm des Samenkorns codiert sein.

Zehntausend Chips in einer Frucht – Mohnblüte

Keines der kostbaren Purpurgewänder König Salomons flammte auch nur annähernd in jenem feurig strahlenden Rot, das eine jede ganz gewöhnliche Mohnblüte schon aus der Ferne mitten im Grün des Grases oder Goldgelb eines Kornfeldes wie eine weithin leuchtende Lampe aufglühen läßt. Ihre Kronblätter haben sich alle, dicht zusammengerollt und auf engstem Raum aneinandergepreßt, zwischen zwei stachelbewehrten, zu einer derben und dichtschließenden Hülle verwachsenen grünen Kelchblättern gebildet. Unter dem Gewicht dieses immer stärker anschwellenden Inhalts hängt die schwere Blütenknospe am niedergebogenen Stiel. Aber dann kommt genau zum rechten Augenblick der Befehl, die passende Information für diesen gebeugten Stiel, auf seiner der Erde zugewandten Seite wieder zu wachsen. Nur dort, innerhalb eines exakt festgelegten Abschnitts, beginnen die Zellen sich abermals zu teilen. Dadurch richtet sich der Stengel langsam auf, streckt sich und reckt die aufbrechende Knospe in die Höhe, dem Licht der Sonne entgegen.

Mehr und mehr weichen die beiden Kelchblätter auseinander, und, alles genau in der richtigen Reihenfolge, beginnen die blutroten Kronblätter, anfangs noch ganz zerknittert, sich auseinanderzufalten und zu straffen. Und siehe da: alle Größenverhältnisse stimmen wie abgezirkelt! Die so eng zusammengepreßt herangewachsenen Kronblätter sind nicht nur alle gleich groß, sie sitzen auch geometrisch exakt auf Lücke und füllen gemeinsam das volle Rund der großen Blüte. In ihrer Mitte wird, umgeben von einem Kranz von Staubgefäßen, die aus mehreren miteinander verwachsenen Fruchtblättern gebildete Samenkapsel mit ihren strahlenförmig angeordneten Narben sichtbar.

In dieser sich mehr und mehr rundenden Frucht geschieht etwas, das nachzuahmen unserer modernsten Technik ein für allemal unmöglich ist: Das gesamte Programm mit sämtlichen Informationen für jede Zelle und mit allen Terminen wird bis zu zehntausendmal in ebensovielen Samenkörnern fehlerfrei kopiert, so daß sie wiederum neue Mohnblumen aufbauen können. An vorbereiteten Nähten öffnen sich oben, direkt unter dem Kapseldeckel, just dann winzige Türen, wenn das letze Samenkorn gereift ist. Nach und nach schüttelt der Wind sie aus der Kapsel wie aus einem Salzstreuer heraus. Auch das ist genau programmiert!

Der Ruhm der Gräser – Grasblüte

»Alles Fleisch ist wie Gras, und all seine Schönheit ist wie die Blume im Gras. Das Gras verdorrt, und die Blume verwelkt« (Jes 40,6 und Petr 1,24).
Für den Psalmisten ist dieses so rasch dahinwelkende, nur spärliche Tage blühende Gras ein mahnendes Sinnbild irdischer Vergänglichkeit. Auch in der Bergpredigt dient das Gras zum Gleichnis eines raschen Dahinschwindens aller irdischen Schönheit, wenn von ihm gesagt wird, daß es »heute auf dem Feld steht und morgen ins Feuer geworfen wird«, obwohl Gott es doch »so prächtig kleidet« (Mt 6,30).
Ja doch! Auch das Gras ist prächtig und voller verborgener Schönheit. Nur daß diese Schönheit nicht gar so auffällig ist wie bei den Lilien des Feldes mit ihren prangenden Farben und verführerischen Wohlgerüchen! Man muß eben schon ein wenig genauer hinschauen, damit diese verborgene Schönheit des Grases seine dem Leben dienende Planmäßigkeit offenbart. Es hat solches Interesse wahrlich verdient. Schließlich wird unser Brot, dieser Inbegriff menschlicher Nahrung, aus den Früchten von Gräsern bereitet! Ohne Gräser gäbe es keine Kultur auf der Erde, da sie die Menschheit ohne ihre lebensspendenden Körner niemals auf Dauer hätte besiedeln und erfüllen können. Grasblüten sind weder bunt, noch duften sie. Sie bedürfen dieser Lockmittel für bestäubende Insekten nicht. Sorgt doch bei ihnen der Wind für die Übertragung der Pollenkörner auf die Narben. Doch er könnte diese lebenswichtige Aufgabe niemals erfüllen ohne den überaus zweckmäßigen Bau der Grasblüte! Da bilden die bescheiden grünen, kahnförmigen Spelzen eine regelrechte Schachtel mit Deckel für den Fruchtknoten mit seinen beiden weißfiedrigen Narben und die drei Staubbeutel. Genau zum rechten Zeitpunkt quellen Schwellkörper zwischen den schützenden Spelzen auf und zwängen sie auseinander. Die langen Staubbeutel fallen heraus, und bereits ein sachter Luftzug läßt sie an ihren haardünnen Stielchen hin- und herschwingen. Sie platzen unten auf, wo ihr Ende ein »Löffelchen« bildet, das sich immer wieder mit dem herabrieselnden Pollen füllt, sobald ein Windhauch es leergebeutelt hat. So bläst er also den Blütenstaub portionsweise zu den federartigen Narben, die ihn gleichsam wie Netze auffangen. Ja, auch sie ist prächtig ob ihrer Vollkommenheit, diese Grasblüte! Nichts mangelt ihr, alles paßt in idealer Weise zueinander.

Schöne Todeswerkzeuge – Giftklaue einer Kreuzspinne

Der holländische Arzt und Zoologe Jan Swammerdam († 1680) war einer jener ersten Mikroskopiker, die sich ihr Instrument noch selbst bauen, ja sogar die Linsen eigenhändig schleifen mußten. Eines der ersten Lebewesen, das er bei starker Vergrößerung untersuchte, eine tote, auf der Spitze einer Nadel aufgespießte Laus, versetzte ihn in höchste Verwunderung. Was er da als erster Mensch erblickte, entzückte ihn derart, daß er seinem König in einem begeisterten Brief schrieb: »Sire – ich beweise Ihnen die Göttliche Vorsehung aus der Anatomie, dem Körperbau einer Laus!«

Nein, er hatte absolut keine Bedenken, ausgerechnet an einem lästigen Schmarotzer, einem rechten Quälgeist die Weisheit des Schöpfers zu preisen. Für irgend etwas, davon schien er überzeugt, ist auch dessen so unangenehmer Stechrüssel gut und wenn nur, wie der hl. Augustinus meinte, um die Sünder zu mahnen und zu strafen! Wie hätte er auch damals von der heute bekannten ökologischen Bedeutung gerade der Parasiten und Fäulnisverzehrer wissen sollen? Wäre doch neues Leben ohne den Tod des alten nicht möglich. Aber Tod bedeutet ja nicht immer auch Schmerz – im Gegenteil: die natürlichen, kreatürlichen Werkzeuge des Todes sind in der Tat so vollkommen, daß sie ihn weitgehend schmerzlos, ja »barmherzig« machen. So gleitet die äußert spitze Giftklaue einer Kreuzspinne schon unter leichtem Druck wie die Nadel einer ärztlichen Injektionsspritze rasch tief ins Gewebe. Sofort, ja bereits beim Zubeißen strömt das Gift durch den Giftkanal in die Wunde und betäubt, lähmt und tötet das Opfer, ohne es leiden zu lassen. Die Öffnung dieses Kanals entdeckt man hinter der Spitze auf der konvexen Vorderseite der Klaue. Nur so kann das Gift ungehindert in die Bißwunde fließen! Säße diese Öffnung auf der anderen, der konkaven Seite, würde sie vom Gewebe des Opfers, das fliehend nach vorn drängt, sogleich verstopft!

Auch die Giftzähne einer Giftschlange – und dies ist nun wieder eine der vielen Parallelen in der lebendigen Schöpfung! – zeigen den gleichen Bau. Zwischen der Öffnung des Giftkanals und dem Gewebe entsteht ein Spalt, weil das Opfer nach vorn strebt und zu fliehen versucht. In diesen Spalt ergießt sich das rasch von allem Schmerz befreiende Gift. Ein gnädiger Tod ohne Leiden.

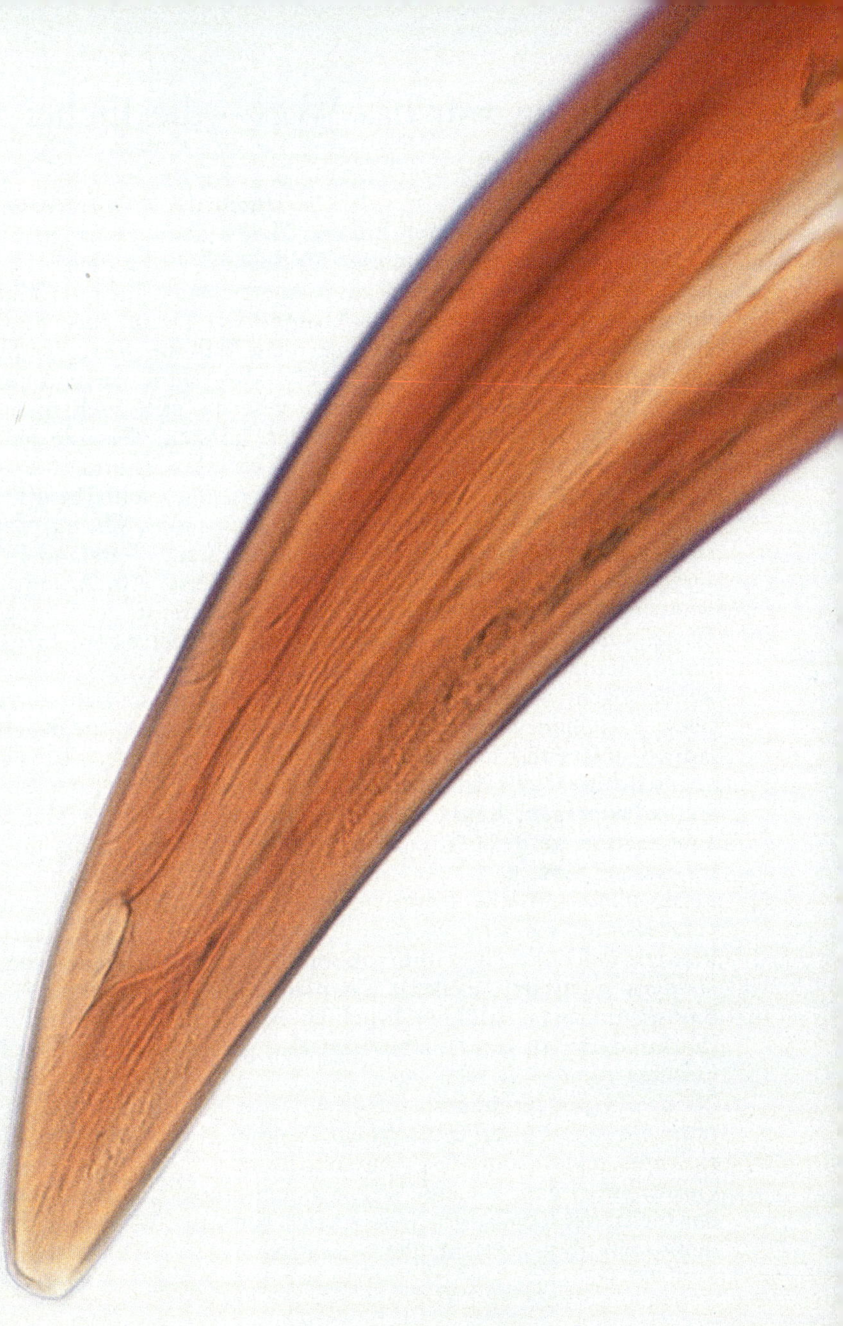

Im Anfang war das Wort – die Eichel

»Im Anfang war der Wasserstoff«, so lautete der ebenso frivole wie naive Titel eines bekannten Buches. Naiv – denn seit langem ist ja bereits bekannt, daß auch dieses Wasserstoff-Atom nichts Unteilbares, sondern ein wiederum aus kleineren Bausteinen der Materie zusammengesetzter, winziger Kosmos ist. Darin aber herrscht strenge naturgesetzliche Ordnung, nicht Willkür. Vor aller Materie mußten, am wirklichen Anfang also, diese unveränderlich geltenden Naturgesetze existieren, ohne die sich auch nicht ein einziges Wasserstoffatom hätte bilden können. Gesetze jedoch, darauf wies der bekannte Basler Physiker Max Thürkauf wiederholt hin, sind nun einmal nichts Materielles, nichts Stoffliches, sondern ohne jede Ausnahme geistigen Ursprungs. Wie das Wort – so hätte es der Philosoph Leibniz formuliert – »urständet« das Gesetz, auch das ewige Naturgesetz, im Geist! Am Anfang also war nicht irgendwelche Materie, sondern der Geist, der Logos, das Wort, auch treffend mit »Information« zu übersetzen. Information bedeutet ja »in Form bringen«, Gestalt verleihen: Eine wirkende Macht neben Materie und Energie, deren sie sich souverän beim Verleihen von sinnvoller Form zwar bedient, an denen sie jedoch ansonsten keinerlei Anteil hat. Programmiert ist sie im »Mikrochip«-Kern der Eizelle, im Genetischen Code. Auf unvorstelbar winzigem Raum ist eine ebenso unvorstellbare Menge an Information gespeichert – all unseren technischen Chips um Dimensionen überlegen! So birgt das Programm des Eichen-Zellkerns nicht nur alle Informationen zum Aufbau des gesamten Organismus, von den Wurzeln bis hin zu den typischen Eichenblättern mit sämtlichen mikroskopischen Einzeldifferenzierungen, sondern auch den exakten Zeitplan aller Lebensvorgänge wie Knospenbildung, Blühen, Fruchten usw. und dies gar für viele Jahrhunderte. In jeder Eichel liegt eine getreue Kopie dieses Programms vor.

Nein – es gibt nirgendwo auf dieser Welt Information, Nachricht ohne Geist. Nirgends entsteht ein Programm von selbst aus Materie, und seine Codierung, die Niederschrift, erfordert ebenfalls Geist! Am Anfang unserer Welt war nicht irgendein Stoff, sondern der Geist, der Logos, das Wort – jenes gewaltige Wort, von dem es heißt, daß ohne es nichts geworden ist!

WOLFGANG KUHN:

Zwischen Tier und Engel

Christiana-Verlag. Stein am Rhein, 1988, 199 S., 18.– DM

Es wäre zu wenig gesagt, wenn man dem bekannten Saarbrückener Biologen Wolfgang Kuhn nur bescheinigen würde, daß er mit dieser Neuveröffentlichung ein gutes, ja vorzügliches Buch geschrieben hat! Vielmehr ist diese anschaulich und klar, ja fesselnd geschriebene Darstellung des Wesensunterschiedes von Tier und Mensch und der Tatsache, daß dieser prinzipielle Unterschied auch durch die moderne Forschung oder die Fortschritte der Humanwissenschaften nicht berührt wird, einfach notwendig! Das ergibt sich aus dem Buche selbst: Kuhn schildert uns eindringlich den weltweiten und siegreichen Vormarsch des Biologismus, d.h. der rein biologischen Deutung des Menschen als eines arrivierten Tieres. Die bedrohlichen Konsequenzen dieses Vormarsches werden sorgfältig in den ersten Kapiteln dargelegt, in denen der Verfasser den roten Faden aufzeigt, der den latenten Atheismus der Neuzeit und Gegenwart mit den seit den Tagen von Charles Darwin immer heftiger werdenden Bemühungen um die Entthronung des Menschen und die Leugnung seiner Sonderstellung und beide Motive wiederum mit den praktischen Konsequenzen verbindet, die wir heute erleben oder die uns unmittelbar bevorstehen: Massenabtreibung, Handel mit Föten, Retortenbabies, Experimente mit dem Erbgut des Menschen! Denn daß sich diese Dinge immer mehr durchsetzen, ist schon der Sieg des Biologismus, dieser gigantischen Nestbeschmutzung des Wesens Mensch durch sich selbst! Schon deshalb gehört diese vernichtende, präzise und allgemeinverständliche Kritik, die nur ein Mann wie Kuhn leisten konnte, der in seiner Person theologische und philosophische Gelehrsamkeit mit dem Fachwissen des ausgewiesenen Naturwissenschaftlers verbindet, in die Hand jedes gebildeten Christen.

Das scheint auch deshalb angebracht, weil heute unbegreiflicherweise selbst in christlichen Gremien und Akademien gegenüber herausragenden Vertretern des Biologismus wie etwa Konrad Lorenz und seinen Schülern eine Umarmunsgsstrategie gegenüber dem Zeitgeist praktiziert wird. Tatsächlich aber ist es der Initiator der Verhaltensforschung, Konrad Lorenz, der nicht müde wird zu betonen, daß »das Bild, das wir uns von uns selbst, vom Homo sapiens also, machten, sich verändert habe, und der Glaube, daß wir nach dem Ebenbild Gottes geschaffen seien, uns durch diesen Fortschritt der biologischen Forschung gründlich ausgetrieben werde« (Kuhn S. 24). Dazu bedient sich die Verhaltensforschung heute bekanntlich der »evolutionären Erkenntnistheorie«, die zu allem übrigen noch den Nachweis zu führen sucht, daß selbst der Geist, Vernunft und Sprache keine Privilegien des Menschen, sondern ebenfalls bereits bei den Tieren angelegt seien. Demgegenüber macht Kuhn schlüssig die Andersartigkeit der menschlichen Einsicht und Sprache gegenüber dem deutlich, was wir bei den Tieren allenfalls als »Intelligenz« und Mitteilungsfähigkeit bezeichnen können. *Prof. Dr. Walter Hoeres*